国际时尚设计丛书·服装

时装设计元素：

男装设计（原书第2版）

【英】约翰·霍普金斯（John Hopkins） 著
张艾莉 赵 阳 译
郭平建 审校

中国纺织出版社有限公司 | 国家一级出版社
全国百佳图书出版单位

内 容 提 要

本书为“国际时尚设计丛书·服装”系列图书之一，从全新的角度为读者讲述了有关男装的发展历史、社会背景以及设计流程。第1章从历史和社会的角度讲述了男装的基本发展史；第2章探讨了男装的设计调研和灵感来源；第3章研究了男装制衣业的历史演变；第4章探索了运动装的历史及其对现代男装的影响；第5章和第6章提供了一系列男装设计从草图到成衣的设计案例及作品集展示。

全书图文并茂，专业性、艺术性、实操性强，适合服装艺术类专业院校师生及其从业人员阅读参考。

原书英文名：Basics Fashion Design: Menswear Second Edition
原书作者名：John Hopkins

著作权合同登记号：图字：01-2018-1435

图书在版编目（CIP）数据

时装设计元素：男装设计：原书第2版/（英）约翰·霍普金斯著；张艾莉，赵阳译.-- 北京：中国纺织出版社有限公司，2019.9（2021.1重印）
（国际时尚设计丛书.服装）
ISBN 978-7-5180-6575-2

Ⅰ.①时… Ⅱ.①约… ②张… ③赵… Ⅲ.①男服—服装设计 Ⅳ.①TS941.718

中国版本图书馆CIP数据核字（2019）第187929号

策划编辑：孙成成　　责任编辑：谢婉津
责任校对：王花妮　　责任印制：王艳丽

中国纺织出版社有限公司出版发行
地址：北京市朝阳区百子湾东里A407号楼　邮政编码：100124
销售电话：010—67004422　传真：010—87155801
http://www.c-textilep.com
E-mail:faxing @c-textilep.com
中国纺织出版社天猫旗舰店
官方微博http://weibo.com/2119887771
北京华联印刷有限公司印刷　各地新华书店经销
2019年9月第1版　2021年1月第2次印刷
开本：710×1000　1/16　印张：10.5
字数：108千字　定价：69.80元

凡购本书，如有缺页、倒页、脱页，由本社图书营销中心调换

本图片来自阿卜杜勒·阿卜杜拉依（Abdel Abdulai）的“来自达格邦的男孩”（Boy from Dagbon）。

目 录

引言 7

第1章

男装发展史 9

社会历史背景 10
制衣业的起源 17
男装对女装的影响 20
反主流文化着装 22
练习：设计创新历史研究 29
人物专访：Dashing Tweeds工作室 30

第2章

设计调研和灵感来源 33

设计流程 34
设计细节 38
古着 39
制服 42
工装 44
街头风格 46
流行趋势与预测 49
其他设计灵感来源 51
练习：男装设计发展调研 53
人物专访：绅士博主马修·佐帕斯 54

第3章

制衣业的传统 57

制衣业 58
时尚引领者 67
英国制衣业 70
意大利制衣业 78
美国制衣业 81
衬衫 83
领带 84
练习：男装制衣业 87
人物专访：斯托尔斯定制 88

第4章

运动装、针织装和印花装 91

运动装简史 92
美国的影响 94
内衣 97
牛仔布 101
运动装的全球化 105
针织男装 108
印花男装 110
练习：运动装设计 113
人物专访：Man of the World创办人艾伦·马雷赫 114

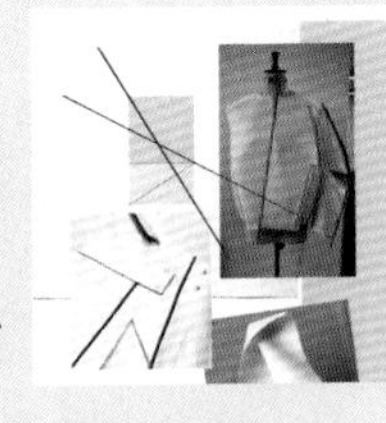

第5章

男装的设计流程　117

速写簿的使用　118
面料研究　121
色彩应用　124
装饰配件　126
坯布样衣　128
系列作品设计　129
首件样衣　131
练习：设计理念的实现　133
人物专访：男装设计师娄·达尔顿　134

第6章

男装展示　137

男装时装画　138
拼贴艺术　141
男装CAD　142
展示板　146
男装插画　148
设计作品的展示形式　151
男装设计作品集　155
练习：男装作品集　157
人物专访：插画师洪胜元（Seung Won Hong）　158

结语　160

男装年代表　162

原版参考文献　165

原版更多资源　166

原版图片来源　167

原版致谢　168

引 言

《时装设计元素：男装设计（原书第2版）》一书从全新的角度为我们提供了有关男装的视觉指南。男装的本质是既要实用又讲究细节，因此男装设计要考虑许多因素和传统，从早期的定制服装到现代的运动装的设计都是这样。本书第1章增加了有关男装的发展历史及其背景知识，希望读者能从历史和社会的角度去了解男装的设计与发展历程。由于男装设计是一门以实践为主的学科，因此第2章主要探讨了设计调研和灵感来源，同时也对影响男装设计的多种互补性因素进行了探讨。第3章研究了影响男装制衣业的多种因素及其审美演变，特别对一直贯穿于男装设计中的一些独特特征和习惯进行了阐述。第4章探索了现代的运动装设计，包括男装与牛仔面料、针织面料和印花面料之间的关系，以及不断推进男装设计这一充满活力的领域的纺织技术。第5章研究了男装设计从草图绘制到将设计理念转化为最初的服装样衣的过程，这一设计过程是系列服装设计必不可少的组成部分。最后一章展示了一些全新的男装设计作品集，包括男装CAD设计图例和一些当代男装插画。

在每一章的最后都附有练习题以及对相关专业人士和男装设计师的采访记录。另外，为了便于读者进一步探索男装设计这一非常有趣但却常被忽视的时尚设计领域，我们在本书的最后还为大家提供了更多的阅读资源。

◀巴宝莉男装的2010秋冬系列。图中服装的裁剪和色彩很明显受到军装的影响。

第1章

男装发展史

本章主要介绍一些在各个历史时期影响和界定了男装的社会因素和历史背景，包括从古代一直到20世纪的男装简史，目的是为了阐明男装设计与社会发展息息相关。希望读者能在充分了解这些曾经影响男装发展的社会历史事件中进一步思考当代的男装设计。

只有那些很现代的东西才会过时。

——奥斯卡·王尔德（Oscar Wilde）

◀图1.1　19世纪身着军装的墨西哥总统波尔菲利奥·迪亚兹（Porfirio Diaz）。

社会历史背景

不同历史时期的男装串联起来构成了一部丰富多彩的男子服饰史，尤其彰显着男人的地位和职责。因此，男装兼具炫耀和实用两种不同功能。早期男装的演变主要与男子在社会中的地位和角色有关。历史上常用禁奢令来规范人们的着装标准，并且何为时髦并不是由个人说了算，而是由人们所处的社会阶层和拥有的财富决定的。文艺复兴时期不断崛起的商人阶层开始打破早期社会对于着装的严格禁令，但个人财富和社会地位仍然继续影响着一个人能够获得什么样的纺织面料和什么式样的服装。

更有趣的是，男装的实用性以及与军事的关联性最终导致了男装经典风格的产生和功能细部的发展。直到今天，这些风格和细部特点还在持续影响着男装。像男装的粗呢外套和军用风雨衣等经典款式的产生完全是出于现实的需要，而与审美无关。今天我们称之为经典的男装款式应该说也直接来源于此，并且具有持久的魅力。同时一些款式后来也被女装所借鉴。无论是过去还是现在，男装风格的流行还离不开时尚人物的引领。一开始，时髦是由王公贵族说了算的；但到了19世纪，由于博·布鲁梅尔（Beau Brummell）在着装方面的巨大影响力，男装时尚开始朝着体现个人风格和品位的方向发展。

图1.2　这张亨利八世国王的肖像展示了文艺复兴时期的欧洲北方男装特点：强调宽阔的、多层次感的廓型和装饰性的斜纹。

禁奢令

男装历史上一个非常有趣的现象是它一直受到禁奢令的影响。从本质上讲，这些法律通过限制服装、佩饰和奢侈品的穿戴和使用，规定并强化了社会等级制度和道德。禁奢令从中世纪开始实施，一直被相对广泛地实行到17世纪，已经成为了一种维护和巩固阶级差异与财富的方式。

着装规范是罗马时代生活的一个特点，最明显的应该是限制使用“泰尔”(Tyrian，指皇家)紫色。这实际上使紫色的纺织品成为地位的象征，仅限于罗马的高层官员和皇帝本人使用。这些法律在整个拜占庭帝国统治期间一直存在，当时国家控制进口商品的价格和数量，并通过成立行会来制约国内制造业。公元550年前后，随着丝织业传入欧洲，丝绸生产成了国有垄断行业，其用途仅限于为最富有的公民、朝廷侍臣以及高级牧师制作服装和奢华刺绣品。

禁奢令的实施也成为亨利八世统治下的英国都铎王朝的一大特色，国王还亲自为王公贵族制定了着装标准。亨利八世仪表堂堂，渴望与当时两个主要的欧洲强国——法兰西和神圣罗马帝国一争高下。这一想法在1520年亨利八世和法国弗朗西斯一世举行的“金缕地”（The Field of the Cloth of Gold）会议上达到了高潮，当时的场面简直就是双方炫耀财富的斗场。随后，在1574年，英国女王伊丽莎白一世又颁布了一系列的禁奢令，其中包括对着装的一些限制：除了国王、王后、皇太后、公主、王子、国王的兄妹、叔伯舅姑等亲戚外，任何人不许穿紫色的丝绸，以及含有金缕的布料、鼹鼠皮毛；公爵、侯爵和伯爵只可以穿紫色的紧身短上衣、背心、带有衬里的斗篷、长袍和袜子；而嘉德勋爵则只能披紫色披风。着装规则维护了欧洲皇室宫廷的特权，并通过行会制度得到加强。

> 时尚是历史的一面镜子。它反映了政治、社会和经济的变迁。
>
> ——法国国王路易十四（Louis XIV of France）

宫廷装

尽管宫廷着装风格可以追溯到远古的世界文明，尤其是古埃及法老统治时期，但“时尚”一词是中世纪才出现，并用来描述某种群体风格的。中世纪时期，欧洲的时尚风格一般都是由各国的王公贵族来引领。渐渐地，“时尚”就越来越意味着穿着和举止要表现自己的社会阶层和尊严。

中世纪是一个男性主导的社会，男性时装的主要特点有奢华的面料、鲜艳的色彩以及浮夸的细节处理。当时欧洲的纺织工人已经能够非常熟练地生产精致的丝绸和锦缎，而在此之前，这些面料都要从东方进口。这一时期的男装越来越修身，服装裁剪也更适体，以突出男性的身材。

15世纪，欧洲北部男子的着装风格在很大程度上受到当时既奢华、又时尚的勃艮第公国宫廷风格的影响。即使在1477年勃艮第公国已经衰亡，其宫廷服饰仍然影响着当时的男装。当时在战场上的瑞士士兵和德国雇佣兵都十分惊叹于他们奢华的纺织品，纷纷把这些面料剪下来塞到自己满是刀剑切口的衣服里，由此开始了一种主要盛行于亨利八世统治时期的宫廷风尚。

在随后的几个世纪里，男性服装仍然保留了奢华的宫廷着装风格和礼仪。16世纪，西班牙宫廷风格兴起，男士服装开始使用“朴素的黑色”，同时采用一种特别醒目的白色轮状皱领与之相配。后来，随着法国成为欧洲最强国，路易十四的奢华宫廷服装风格被广泛地传播到其他欧洲宫廷。

18世纪末的法国大革命中断了这种长期以来由宫廷左右男装流行风格的制度：服装和纺织行会被废止，法国的禁奢令也被取消。尽管后来拿破仑·波拿巴上台之后恢复了古典的宫廷制度，但受欧洲各皇室间相互竞争和军事协会的影响，宫廷风格的男装变得更注重礼仪性。

商务装

商务装，顾名思义是指商人或商人阶层的着装式样，不是起源于严格的宫廷服饰制度。商务装出现于18、19世纪的欧洲和北美，主要与工业革命和日益壮大的中产阶级有关。

18世纪末的法国大革命对男装风格产生了深远的影响，这一点至今仍然十分明显。最大的影响是抛弃了华而不实的服装款式、奢华的装饰以及艳丽的色彩。当时穿着华丽、时尚的服装会非常危险，因此法国大革命也被称为“恐怖统治时期”，从此，着装走向简约，放弃装饰成为必然。这时英国水手穿的裤装成为男装的一种新风尚，并且很快成为一种具有反叛意义的政治符号，因为这种风格代表了普通劳动者。这一时期也标志着一种更加朴素的男装风格的开始，蓝、黑和棕色成为主色调。此外，当时的社会氛围也鼓励男性去从事比梳妆打扮更为“重要”的事情。因此，在这个新的、迅速工业化的社会中，男装也相应地走向内敛和素雅。

19世纪的英国，男装越来越受到“乡村生活”风格的影响。这种风格起源于拥有大量土地的乡绅，反映了他们对于骑马、狩猎等乡村活动的兴趣。男士的套装通常都是由诸如骑马靴和小山羊皮手套之类的服饰细节来凸显。这个时期出现了许多特别的服饰款式，包括长大衣、“骑行大衣”、燕尾服、双排扣长礼服以及挺括的高领和领结。所有这些从此成为男士衣橱里的主要物件。

图1.3 乔治·克林特（George Clint）画的19世纪绅士肖像。请注意男子独特且制作精细的领结，这是当时的经典式样。

箱型双排扣厚呢大衣

箱型双排扣厚呢大衣最初是作为水手服出现，主要为应对严酷的天气而设计的。海军军官穿可以盖住大腿的长款大衣，水手则穿稍短的大衣，便于他们灵活操作。这种大衣的款式特点是使用传统的纽扣，面料采用厚重的麦尔登呢，颜色一般为深蓝色和黑色。这种大衣已经成为永不过时的男装经典款。真正的海军厚呢大衣可以在军需品商店找到，而且这种大衣的风格已经被广泛应用到男装中。

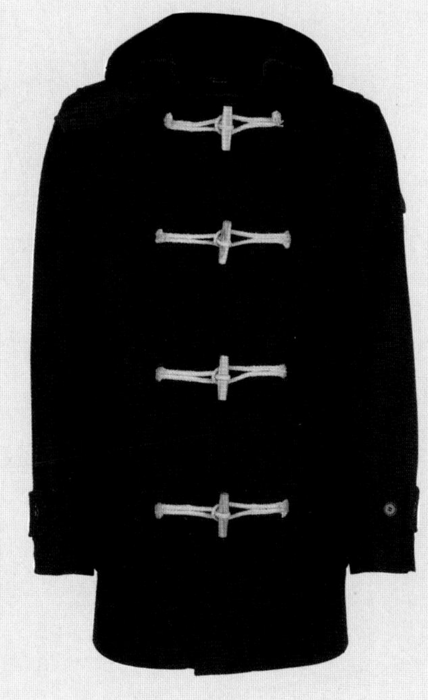

套索扣粗呢大衣

这款大衣是一种独特的单排扣带风帽外套，主要特征是采用了牛角扣或木质的套索扣（或棒形纽扣），最早是由一种粗毛织品制成。在第一次和第二次世界大战期间，英国皇家海军采用这种粗呢大衣样式，并根据士兵的需要对其进行了修改。厚毛呢可以在恶劣的天气中防风保暖，而那些棒形纽扣即使戴着厚手套也可以很容易解开。这种中长款的大衣有两个大的明贴袋，肩部增加了一层面料可以防止水渗透。尽管粗呢大衣出身卑微且与军装关系密切，但现在已成为男士衣橱中的经典款之一。

制衣业的起源

早期的男装主要从军装中演变而来，其工艺经历了不断的尝试和创新。中世纪最重要的技术进步是衬料技术和绗缝工艺的发展，人们开始在帆布或皮革里加衬料做成一种加衬的夹克，即软铠甲。人们为了保护上半身不被刮伤擦伤而穿的盔甲，逐步衍生出一种无袖紧身铠甲罩衣，衣边都由蕾丝装饰。这种强调对身体躯干保护作用的无袖夹克逐渐演变成为16世纪的紧身短夹克，军人和平民都可以穿着，只不过士兵穿的稍长一些，材料是粗绒面革。军服就以这样的方式极大地影响着民间男装的风格，同时也推动了男装技术的发展，尤其是在服装式样和结构方面更趋复杂。

军装对民间男装的深刻影响到了17世纪的巴洛克时期更加明显。当时的男装流行黑色长袍外加坎肩，下穿马裤，脚蹬带跟和马刺的鹿皮靴，衣边和袖口有大量的蕾丝装饰。17世纪中叶英国内战期间，出现了哪里需要就去哪里作战的职业军人。这标志着军装开始了规范化和条理化。

18世纪预示着一个崭新的时代，欧洲各强国之间开始进行贸易和军备竞争。作为军队制服基本款的军大衣，能够显示每一名士兵的身份和他所属的团队。大衣上的装饰有不同的团徽扣、异色镶边、袖口翻边以及军用的彩色穗带。这些装饰品变得越来越复杂，一直延续到19世纪早期。

时尚偶像：爱德华，威尔士亲王

威尔士亲王爱德华在1936年与威利斯·辛普森结婚之前是温莎公爵，也是爱德华八世，年轻时一直是男装时尚的引领者。其个人风格和无可挑剔的着装品位使他成为时尚偶像。他打高尔夫球时穿的长及膝下10厘米的宽松长裤和印有威尔士亲王名字的方格图案的服装，都很快成为流行的男士休闲服。

双排扣休闲西服

18世纪的海军军官和船员的标准服装是装饰有金色纽扣的蓝色西服外套（Blazer）。“Blazer”一词来源于英国皇家海军的Blazer号护卫舰，当时为了迎接维多利亚女王参观舰艇，海军上尉安排他的船员都穿上这种裁剪独特的服装。今天，海军蓝的休闲西服已经成为一款经典的男士服装。平民穿着的双排扣休闲西服保留了它独特的戗驳领式样，但有了更多的颜色选择，面料多采用法兰绒、精纺毛料和哔叽。实际上，这款源自军服，由铜扣装饰的男士单品，在男装中具有独特的地位。它介于正装和运动装之间，比正装休闲，但比运动装正式。

英国军用保暖双排扣大衣

这款英式大衣源自军装，第一次世界大战期间主要为军官穿着。此款双排扣大衣因为加了省道，外观非常合身，配有皮革纽扣，戗驳领，两个有袋盖嵌线口袋和一个袋爿胸袋。英式军用保暖大衣长及膝盖，面料一般采用麦尔登呢或者厚的双斜纹呢，大衣背后开衩。

巴宝莉

巴宝莉时装是1856年由年轻的布商托马斯·巴宝莉（Thomas Burberry）创建的奢侈品牌，以其经典的方格图案面料和男、女风衣而闻名。巴宝莉在19世纪创造和推广了一种透气、防水的斜纹面料——华达呢。很快，巴宝莉又凭借为赴南极考察和登陆珠峰的探险人士提供装备而声名远扬。1914年英国政府战争部的一纸订单使这一经典的男士风衣及其肩章、前挡风片和D形环饰得以发展。

图1.4　巴宝莉在其现代男装系列中仍继续升级其标志性的风衣。

男装对女装的影响

长期以来，男装的“规则”与传统保证了其稳定性，从而避免了男装风格像女装那样变幻莫测，最终产生了男士经典款。例如军用战壕风衣，这是一种由结实耐用的华达呢面料制成，专门为“一战”期间的士兵而设计的风衣。这种标志性的战壕风衣已经成为当代时尚的经典，经改造既可用于男装也可用于女装。当代女装系列通常会参考男装的造型或男士衣柜中的经典单品，或吸收男装中的某些功能性细节。女装设计既可以采用近似于男装的风格，如晚礼服夹克；也可以通过使用传统的男装面料，如细条纹布料和粗花呢；或者应用一些男装中的细节，如猎装的风箱式口袋等。

图1.5　男性化着装已经成为许多女装系列作品中反复出现的特征，包括Gucci的2016春夏系列。

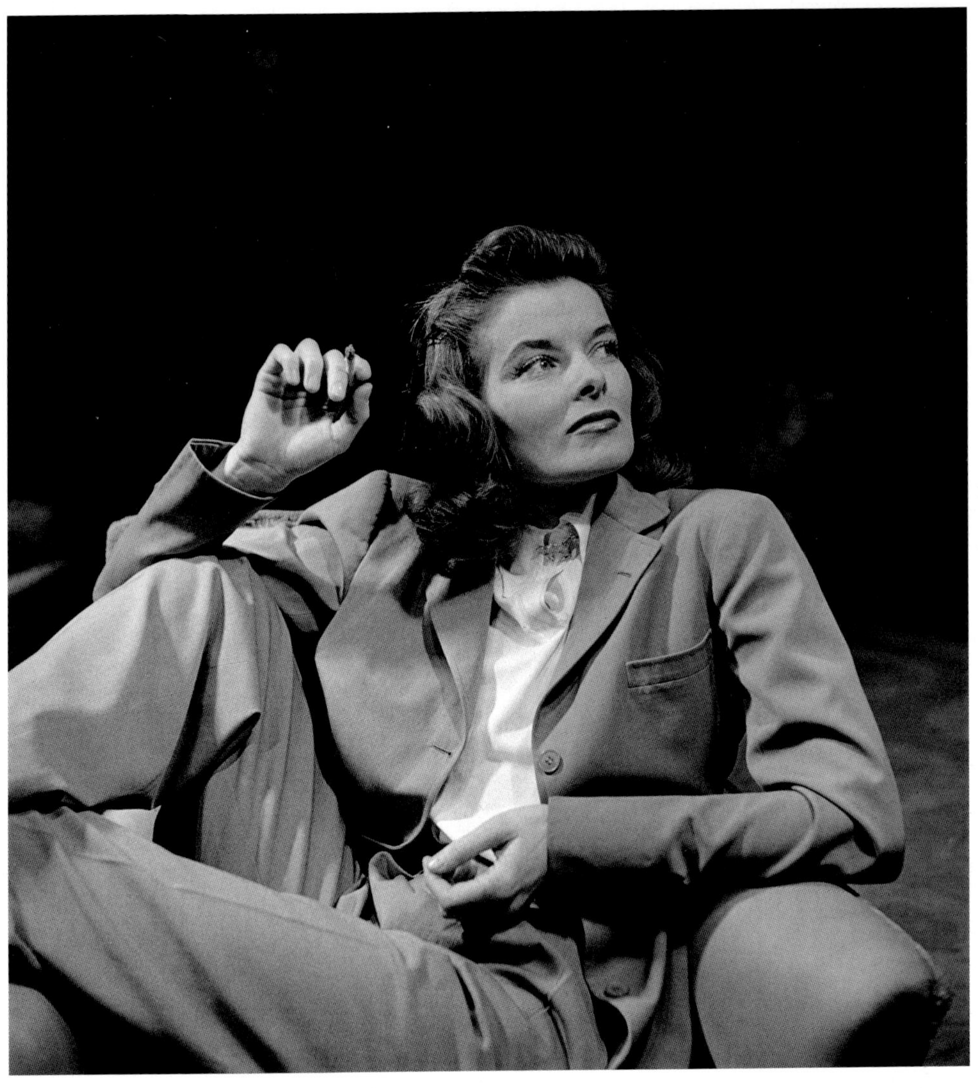

图1.6 凯瑟琳·赫本（Katharine Hepburn）经常通过穿着男性化的服装来表现其独立精神和个人风格，如她喜欢穿定制的裤装。

反主流文化着装

反主流文化是针对一个时期的主流文化做出的反抗，一种可以导致社会变革的文化形式。反主流文化在政治、标准、社会信仰等方面都不同于主流文化，但在着装方式上的不同更为突出。这里，我们将探讨各种不同的反主流文化潮流以及它们对男装和时尚的影响。

泰迪男孩风

英国的“泰迪男孩”（Teddy boys）或“泰迪风”起始于第二次世界大战之后的20世纪40年代末50年代初，是一种劳动阶层年轻男子的时尚，灵感来自于20世纪初的爱德华花花公子男装风格。泰迪男孩一般穿着合身的长款西装上衣，袖口翻边，马甲和紧身直筒裤。他们喜欢穿粗革拷花皮鞋或胶底皮鞋。泰迪男孩风作为一种年轻的亚文化风格最初始于英国，深受一些年轻男子的喜爱，因为他们不愿意跟自己的父辈一样穿着打扮。音乐方面，泰迪男孩风与美国的摇滚乐有关，但很快就因为他们在剧院和舞厅表现出的反社会言行而声名狼藉。但作为一种时尚风格，泰迪男孩风因为拥有一群忠实的追随者而延续下来。

◁▷图1.7a~b　服装设计师和音乐家让泰迪男孩风重新流行，如图所示为葆蝶家（Bottega Veneta）的2010秋冬系列。

摩登派与摇滚派

摩登派和摇滚派是20世纪60年代在英国出现的两个截然不同的反主流文化流派，有着迥异的社会行为和穿着风格。摩登派（“摩登”一词来源于modernist，即“现代主义者”）在穿着上偏爱修身的意大利西装，呈现出一种干净、讲究的花花公子风格。一般是以马海毛或双色织物做紧身西装上衣，搭配学院风格衬衫、毛衣、细腿裤和尖头皮鞋。摩登派听美国的灵歌和牙买加的斯卡，并发展出他们自己独特的英伦风格音乐。他们把红、白、蓝三色箭靶图标作为摩登派的徽章或标志图案，并且把这种图案广泛应用到他们穿着的派克大衣和韦士柏小型摩托车上。摩登派的对手是不修边幅的摇滚派。摇滚派喜欢穿黑色皮夹克和牛仔裤，开重型摩托车。他们公开支持美国摇滚乐，因而称摇滚派。他们不太注重外表。20世纪60年代，摩登派和摇滚派这两大对立的亚文化派别之间的较量一直备受媒体关注，后来公众和媒体的兴趣逐渐衰退。

我不想跟任何人一样，因此我是摩登青年，明白吗？我的意思是说，你得成为与众不同的人，否则还不如跳入大海里淹死算了。

——吉米·库珀（Jimmy Cooper）

［菲儿·丹尼尔斯(Phil Daniels)］

电影《四重人格》，1979年

◀图1.8　在英国，摇滚派经常跟摩登派起争端。1964年5月，两派的人因在英国南海岸的海边度假胜地发生骚乱而被捕。

光头党

光头党作为青年反主流文化的一支，于20世纪60年代中期出现在英国。该流派最显著的特征是将头发剪成寸头或剃光头。他们有独特的着装标准，包括偏爱几个特别的服装品牌，如宾舍曼（Ben Sherman）、布鲁图(Brutus)，或者马球衫搭配吊带裤、免熨裤或卷起裤脚的直筒牛仔裤。其着装风格有时可以概括为科隆比风格(Crombie-style)的大衣加系带马丁靴或者平底鞋。与风格多变的嬉皮士文化相比，光头党外表更加硬朗。光头党最初是从英国的摩登派演变而来，而今天，他们已经分散到世界各地，并因他们对反主流文化的不同理解而演化成了不同的分支。

哈灵顿夹克（Harrington Jacket）

英国服装品牌Baracuta在20世纪30年代设计生产了哈灵顿夹克，也称G9。这款经典的夹克曾被一批当红明星穿过，包括史蒂夫·麦奎因(Steve McQueen)，詹姆斯·狄恩(James Dean)，猫王(Elvis Presley)，以及现在的皮特·多尔蒂(Pete Doherty)和戴蒙·亚邦(Damon Albarn)。“哈灵顿”一词来源于20世纪60年代的美剧《冷暖人间》里主角的姓氏，由瑞安·奥尼尔(Ryan O'Neal)扮演。这种束腰短夹克的主要特点包括：弗雷泽方格衬里，门襟拉链，插肩袖，可以扣上搭扣的立领。在20世纪60年代由摩登派和光头党穿着，其独特的街头特色仍将继续吸引新的一代。

图1.9　20世纪60年代末位于伦敦皮卡迪利广场的光头党和嬉皮士。相比风格多变的嬉皮士文化，光头党的外表则更显硬朗。

（20世纪）60年代中叶，当时我还是个孩子，我是一个人们所说的摩登男孩，一个典型的光头党。我们都把头发剪成平头，穿西装或带红色吊裤带的李维斯牛仔裤，有时穿马丁靴。我们听灵歌、汽车城音乐（Motown）和斯卡，也曾一边听着普林斯·巴斯特(Prince Buster)和斯卡塔里特斯乐队(the Skatalites)的歌一边跳舞。

——格雷厄姆·帕克
（Graham Parker）

嬉皮士

“嬉皮”(Hippie)一词来源于“Hipster”(赶时髦的人)，但很快就用来指20世纪60年代在美国出现的青年运动的成员。嬉皮士可以是男人也可以是女人，他们崇尚自由主义，偏爱群体生活方式，喜欢神秘主义。嬉皮士运动很快传播到欧洲和更远的地方，吸引了各个年龄段的男男女女。嬉皮士是否穿波西米亚风格的服装会因人而异，但他们大多数会选择牛仔服和定制的服装，男人留长发，穿拖鞋，穿带有手工装饰的流苏服装，并展现服装的多种色彩效果。总之，就是要摒弃传统时尚。尽管随着时间的推移，“嬉皮”这一名词可能会逐渐被人淡忘，因为嬉皮的主要精神是拒绝主流时尚，但我们应认识到，其持久的影响力其实不在时尚界，而是在音乐界。

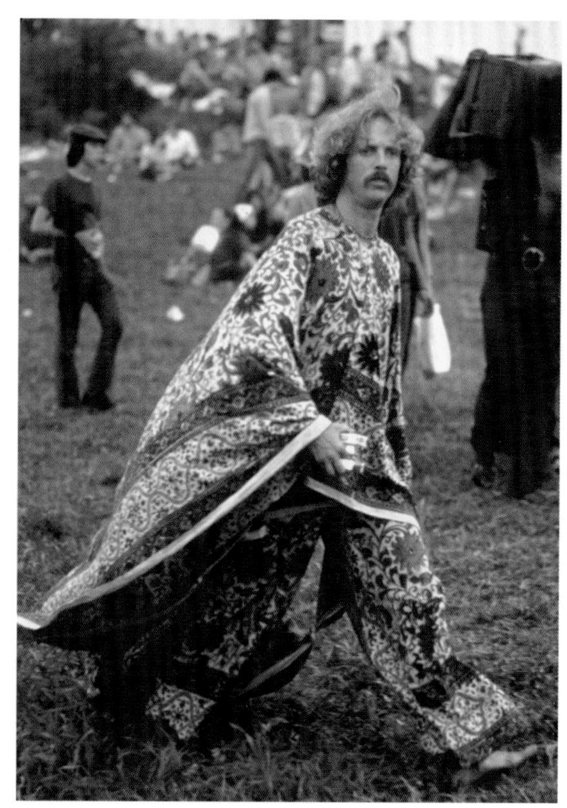

图1.10　1969年的伍德斯托克音乐节上，一名穿着阿拉伯印花长袍的嬉皮士光脚走在草地上。其宽松的披挂式服装、轻型面料和多彩的图案反映了嬉皮士典型的审美特点。

练习

设计创新历史研究

引言

男装与过去的历史有着许多持久的联系。我们可以通过研究传统、功能、地位以及男性在社会中的角色等相关的社会发展来理解。作为一门与历史相关又不断发展的设计学科，男装的设计创新需要对历史采取一种深思熟虑且不断批判的探究方法，要充分认识并合理评价男装发展历史的复杂性和微妙性，同时客观分析它们对当代男装发展提供的给养。

目的

- 确认并选择男装发展史上的一些关键因素。
- 评价男装设计中功能和风格之间的关系。
- 思考过去的服装是如何影响男装的发展的。

讨论要点

- 选择某个历史时期的禁奢令。讨论它对男装发展的冲击及其潜在的影响。
- 鉴别一幅某一历史时期有关士兵或军事战役的画作或者照片。分析画作中或照片中人物的服装功能和风格。
- 讨论男装的实用性和礼仪性之间的差别。
- 思考服装的实用性和礼仪性两者是如何相互影响的。

实践活动

- 辨别并分析一件某个历史时期的男装。着重关注它的廓型、细节和扣件的扣法。然后画一张现代男装的设计草图，包括受该历史服装启发而得到的设计细节变化。
- 选择过去某一反主流文化的服装风格，如“摩登派”或“嬉皮士”。以这些过去的图像作为参考来获得灵感，制作一系列的草图和设计图，对这种风格进行重新设计和更新以适应现代市场。
- 选择一名过去的引领男装时尚的名人或时尚偶像，以其个人风格为设计灵感，设计一组当代男装系列。

人物专访

Dashing Tweeds工作室

摄影师盖·希尔斯（Guy Hills）和编织工柯尔斯蒂·麦克杜格尔（Kirsty McDougall）共同创建了毛呢纺织品设计工作室Dashing Tweeds，为男士创造现代都市风格的毛呢纺织品。在伦敦东部的工作室中，盖和柯尔斯蒂在手动织机上使用新的编织结构设计并开发应季的服装面料，由英国工厂生产。他们的男装成衣系列就是通过探索传统成衣业的不同款式和裁剪方法来实现毛呢纺织品创作。

Dashing Tweeds是如何平衡传承和创新的?

传承是指保留那些祖先传给我们的设计，因此对传统的设计了解得越多，我就越能看到更多的创新。Dashing Tweeds的全部设计都是我们不断研究都市生活变化因素的结果。为平衡这两点需要考虑很多问题，诸如如何保证人在城市中穿梭，以及服装功能、个性表达和工艺。

给我们介绍一下你们在伦敦的旗舰店吧。

为了增加英国定制男装色彩和质地的多样性，我们在伦敦的萨维尔街（Savile Row）附近开了一家Dashing Tweeds旗舰店，地段非常不错。除了为世界各地的裁缝提供我们不断改进的面料，也在努力拓展成衣系列，探索现代花呢的式样和功能，使之适应当今的都市生活。我们还提供半定制服务，可以为顾客用我们的任何一种面料制作经典的西装和夹克。

给我们介绍一下有关Dashing Tweeds的一些合作项目吧。

合作一直都是我们Dashing Tweeds工作室非常重要的一部分。早期合作比较成功的案例之一是我们跟匡威鞋业（Converse Shoes）的合作。由于匡威的各款鞋卖得非常快，同时也提高了我们工作室的创意毛呢纺织品品牌的知名度，让更多的顾客了解了我们。这一季度，我们跟英国时尚运动装品牌弗莱德·派瑞（Fred Perry）进行了合作。这次合作在许多方面进展顺利。该品牌已发展成为一个非常有趣的都市小众品牌，主要与试图改变主流文化的青年运动有关联。我们采用英国羊毛和反光纱线为他们织造了一款创新面料。该面料尽管看上去很现代，而且技术含量高，但同时也是非常传统的，源于英国传统的花呢运动装。最终生产出来的箱包、帽子以及哈灵顿夹克看上去棒极了，受到所有人的喜爱。

对于Dashing Tweeds的未来你们有什么计划?

我们刚从中国宁波国际时装周参展回来，对全球扩张有着满满的计划。对我们来说，这是一个令人兴奋的时刻，因为从文化上来说，英国的服装和面料对全世界都有重要的影响。我们计划大规模批发我们的成衣系列，并在伦敦时装周男装活动中展示我们的系列产品。眼下，我们正在与中国的代理商合作出售我们的新面料设计图样，同时也在考虑扩张我们的店铺，也许会通过授予特许权的形式把我们的业务扩展到一些主要的商场。

第2章 设计调研和灵感来源

本章主要探索男装设计师在定义、选取及深入他们的创意，使其变成各种设计作品时常用的方法。尽管设计师的设计过程可能会因人而异，有的甚至会在作品中融入自己独特的人生经历，但是为了使设计达到某种预期的结果，还是有一些指导性的原则和方法可循。如从男装的起源及其实用性和功能性角度考虑，也许就非常有助于设计师获得灵感。

> 你可以说设计很简单，但难点在于找到一种发现美的新途径。
>
> ——山本耀司
>
> （Yohji Yamamoto）

◀图2.1　伦敦时装周男装展中巴宝莉·珀松（Burberry Prorsum）的2014春夏系列。

设计流程

男装设计要求能够理解和欣赏不同的设计想法和设计流程。尽管有些东西可能是凭直觉产生的，但能够促成一件设计作品产生的大多数因素应该是通过对一系列的创意、流程和工艺进行推进和评价的结果。想要设计男装，首先要了解男装的本质和文化，也就是说要对男装这一研究对象有充分的认识。正如在第一章中我们已经了解到的，当代男装的传统源自西方，是与时尚的发展密不可分的。因此通过了解服装的演变史，我们可以追溯并改进现在的一些设计方法。男装设计中的一些元素可以从服装史中找到解释，有的甚至直接来自历史。用这种方式，我们可以看到，男装设计既来自于传统的经典，又来自于创新和反传统。无论哪种设计，都是有意义的，代表了男装设计的广度和深度。作为一名男装设计师，应当做到欣赏这些不同，了解不同设计方法的来源以及它们对男装设计的贡献。只有这样，男装设计的各个阶段才会目标明确，而不会成为无源之水。

跟许多设计一样，男装设计的方法通常可以通过对一系列不同设计阶段的测评和调节来进行。不过，需要特别说明的是，以下的指导意见并非详尽无遗，因此应视为一种大概的框架而不是一种约束限制。

设计提要

大部分在服装企业中从事男装设计的学生和设计师都会有一份设计提要作为指导。设计提要通常构成一个团队设计方法的一部分，从而促成一个设计系列。对于学生来说，设计提要一般有以下几种形式：

- 由导师指定的一套设计提要。
- 由比赛赞助商现场提出的设计提要或由某个外部机构指定的与行业相关的设计提要。
- 大四学生为准备毕业设计作品集自己起草的设计提要，也可能是一个命题系列作品的设计提要。

一份设计提要的主要目的是界定设计作品的情景和范围，以便可以按时交付设计成果。设计成品会因为设计提要的不同而不同，但它们很可能会与某个季度的设计工作相关，诸如春夏系列或者牛仔系列。另外需要考虑的因素还包括目标市场或目标客户，这是许多设计提要的重要内容，即人们要把时间、精力和金钱花在目标客户的优先需求上。

设计调研

设计流程可能开始于一份设计提要，这样的设计才能有的放矢。有时，如果设计提要是设计师自己写的，通过一系列有序的方法和步骤还可以帮助设计师完成工作计划的制定。每一个步骤都代表男装设计调研过程中的一个环节，我们可以将这些步骤分别描述为识别、选择、实践、应用、综合、反思。这通常是许多设计师在寻找灵感时首先需要进行的过程。与设计调研相关的设计过程可能会有许多凭直觉或者意想不到的因素出现，但这恰恰是设计的起点。在男装设计领域，设计起点或者说设计灵感可能来自各种不同的来源，如可能是对某一理念的解释，也可能是从某一位时尚偶像，某一种纺织品或一种技术中得到的启发；又或者在研究某个技术过程中，如研究某个纸样裁剪技术、在参观某个展览中，或者在对某种流行趋势评头品足的时候。

当我们按照这个严格体系进行实践时，设计调研过程就可能呈现出一种生命活力并获得向前的动力。设计调研不仅可以保证好的设计，而且可以促进对于男装设计来说最重要的两种能力的提高，即批判性思维和创新能力。设计调研非常重要，它贯穿从提出设计理念到解决问题和最后决策的整个设计过程。这一点有时会被从事设计的学生所忽略，他们误以为调研只是设计的起点；而实际上，调研过程与设计过程密切相关，而设计的每一个阶段都包含批判和反思。

所谓调研就是做一些连自己都不明白自己在做什么的事。

——沃纳·冯·布劳恩

（Wernher Von Braun）

图2.2、图2.3 路易威登（Louis Vuitton）的男装部创意总监金·琼斯（Kim Jones）直接从克里斯托弗·内梅斯（Christopher Nemeth）的作品获得灵感，创作了2015年的秋冬系列。

实验

实验为男装设计师提供了测试他们设计构想的机会，并使他们不断突破自己的实践局限。因此，实验应该被视为一种连接奇思妙想和现实可行的创新性尝试。实验中潜在的不确定性会导致实验结果很大的不可知性，从而有助于设计创新。例如，在男装设计中，可以尝试可熔性黏合衬或新型衬布，也可以通过新的裁剪方法重新评估一款服装造型及比例，或者以一种意想不到的方式将不同的织物或颜色混搭，将不同的纹理或图案并置。

设计细节

“一切尽在细节中”这种描述最适合男装了。由于男装讲究功能性和实用性，因此它与女装相比就少了些流行季的变化和不必要的装饰。这点是男装的潜在强项，但也要求设计师对每一个设计都要给予应有的关注和思考。比如，男人喜欢并希望口袋有实用性的细节，因此在设计口袋时，就要考虑到除了美观以外的内容，包括使用目的、容积大小、面料是否结实以及应该放在什么部位等。仅从这一个例子我们就可以了解到男装设计与女装设计的不同。男装的细节设计应当经过深思熟虑，并应谨慎、适度地使用。某些男装的经典设计，如有五个裤兜的牛仔裤和机车夹克都是基于细节设计的典范。当然，也可以在设计中应用新的或多个细节，但最终还应考虑细节设计是否合适以及服装完成的整体效果。

真皮机车夹克

黑色真皮机车夹克是一种完全源自于美国传统的经典男装。尽管现在有许多不同样式，但其最初是由肖特兄弟（Schott Bros）服装公司于1928年设计制造的，其主要特点是前置双拉链和黑色真皮面料，产品一经问世就很快成为经典。肖特兄弟公司给这款夹克命名为Perfecto。一开始的夹克是用马皮制作，但很快就用牛皮替代了，并且配有带腰带扣的腰带，袖口的拉链和开合处的子母扣等装饰，既结实耐穿又有型。从外形上看，真皮机车夹克代表一种自由和冒险的精神，并且由于1953年马龙·白兰度（Marlon Brando）在电影《飞车党》中穿着Perfecto机车夹克，迅速成就了它在时尚界的地位。20世纪60年代的摇滚青年和20世纪80年代的朋克青年都喜欢穿着机车夹克，因此，机车夹克总是与叛逆精神分不开。多年来，由于Perfecto机车夹克一直被人们所喜爱，并不断地被复制，因此成为真正的经典。

古着

在男装词汇中，“古着”一词已经在很大程度上替代了“二手衣”。确实如此，古着之所以受人喜爱和尊敬是因为它们是经过“精挑细选”的，而不仅仅是别人穿过不用的二手货。在男装界古着已经是一个很大的市场，受到设计师和收藏者的钟爱。他们在乎的是古着具有的独特和持久的吸引力，以及它们所拥有的历史和传统。而且，在牛仔裤中，优质的古着牛仔裤特别受到重视，甚至比新的牛仔裤要价更高。对男装设计师来说，古着可以成为他们收集灵感和探索奇思取之不尽的源泉。因此，它们理所当然地成为设计过程中值得探索的一部分，而且与一张效果图相比，古着更能激发设计师的思维。许多学习男装设计的学生把理解古着作为他们个人了解男装的一部分，并从中寻找设计灵感。在这方面，男装特别有优势。

研究古着服装

在男装设计中，找一件古着服装来寻求灵感甚至作为设计深入过程的一部分已经十分普遍。它通常包括解构一件古着服装或通过观察分析它的结构、面料和装饰。有些男装设计师会通过拆掉一件古着服装来升级它的裁剪和廓型。这种方法能够让设计师得到这件古着服装的版型，从而重现这件衣服，也可以通过调整袖子或领子的形状等更新服装款式。

另一种研究方法是不拆掉古着服装，而是通过精确地测量，先复制一件样衣。这就要求测量某些关键部位时要特别仔细和精确，如后中线、前胸、后背、袖子到肩部，以及袖窿等部位。重要的是要仔细研究服装面料和其他材料，因为同一件服装，由抗撕裂尼龙制作和用真皮制作，最终的成品效果会非常不同。因此，如果是为了将一件古着真皮夹克改成一件抗撕裂尼龙夹克，则应仔细研究各个部位衣缝的缝合情况，并且最好用平纹坯布来测试。

另一个重点是要仔细观察古着服装的内部，建议把衣服翻过来，研究它的衬里，或者看衣服的包缝和后整理是如何做的。一件没有衬里的服装不一定比一件有衬里的服装便宜，因为前者需要额外的工艺来进行边缝的处理。而这种技术也可能就是这款服装的设计特点和质量标志。研究古着服装是一种非常有意义的训练，从中会对技术产生一定程度的理解和尊敬。

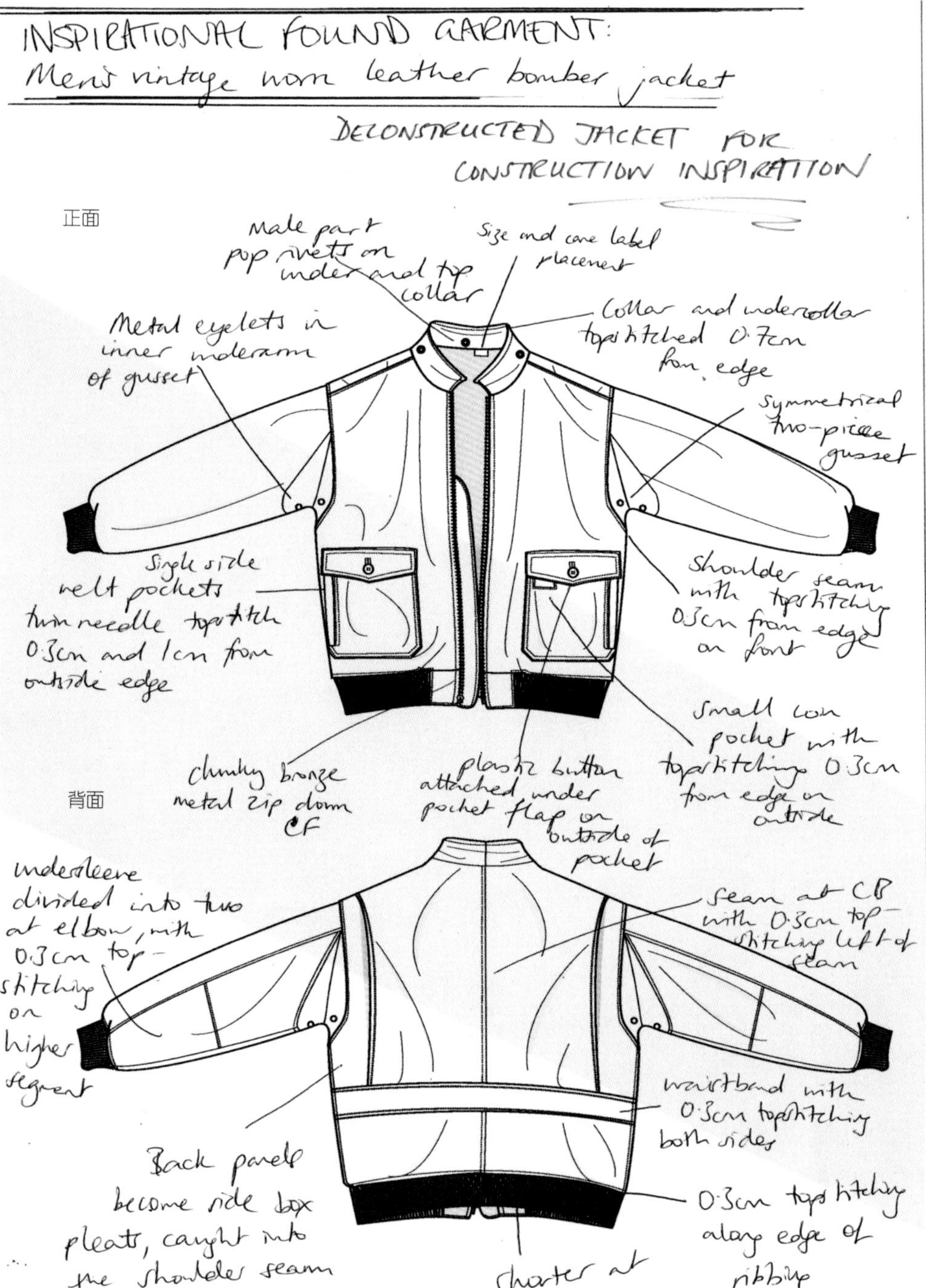
INSPIRATIONAL FOUND GARMENT:
Men's vintage worn leather bomber jacket
DECONSTRUCTED JACKET FOR CONSTRUCTION INSPIRATION
正面
Male part pop rivets on under and top collar
Size and care label placement
Collar and undercollar topstitched 0.7cm from edge
Metal eyelets in inner underarm of gusset
Symmetrical two-piece gusset
Single side welt pockets twin needle topstitch 0.3cm and 1cm from outside edge
Shoulder seam with topstitching 0.3cm from edge on front
Small coin pocket with topstitching 0.3cm from edge on outside
chunky bronze metal zip down CF
plastic button attached under pocket flap on outside of pocket
背面
undersleeve divided into two at elbow, with 0.3cm top-stitching on higher segment
Seam at CB with 0.3cm top-stitching left of seam
waistband with 0.3cm topstitching both sides
Back panels become side box pleats, caught into the shoulder seam
0.3cm topstitching along edge of ribbing
shorter at

图2.4　瑞秋·詹姆斯（Rachel James）画的服装分析图。

◀图2.5　瑞秋·詹姆斯从这件古着服装中获得的灵感草图。

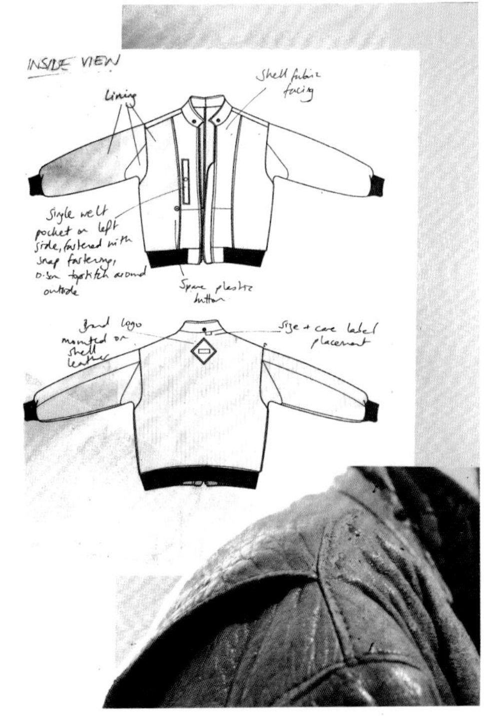

▶图 2.6　瑞秋·詹姆斯对这件古着服装的裁剪及廓型的分析草图。

制服

制服在男装的历史中占有特殊地位，究其原因，主要是因为男装的历史与军装和仪式性服装渊源已久。将制服这一理念应用于男装具有双重含义。一方面，制服代表的是服从和秩序，这一点与女装大相径庭。另一方面，制服如果加以改变，或者脱离原来的场合，可以为男装提供一种集功能性和装饰性于一体的有趣组合，从而拓宽传统男装的范围。

军装对于男装发展历史的贡献是再怎么强调都不为过的，而且直至现在仍在为男装设计的研究提供丰富的素材源泉。除了在军装风制服中普遍存在的持久耐穿和注重细节这两个特点之外，正宗军装的裁剪和制作都表达了一种阳刚之气，这也为男装设计师提供了一个可靠的基础。设计师从中获得灵感，并且可以尝试探索对军装进行改进或寻找军服新的表达方式。虽然有些真正的军服，如野战夹克或箱型双排扣水手大衣，已然是理想的经典款式，但它们仍然可以为当代服装研究提供基础，比如在时装设计中采用功能性面料。

◀▲图2.7、图2.8 丹·普拉萨德（Dan Prasad）从制服和仪式图中获得的灵感片段。

工装

工装指的是与一系列劳动活动密切相关的服装，通常跟体力劳动有关或者强调实用性。工装的卑微出身往往会掩盖其丰富多样的工艺风格和成品细节。男装设计师经常可以从工装的丰富历史中获得灵感和构思。工装的一个主要特点是它的可靠和严谨，因为大部分工装都是经过不断改进去适应某个特定的目的，不需要多余的细节和不必要的样式。从这个意义上来说，工装为男装设计师提供了一种确定性和稳定性，而这一点在许多女装中是很难找到的。

现在最经典的服装款式之一——有五个口袋的牛仔裤，就是从工装演变来的。它最初只是一种粗棉布的工作装，是为了保护美国西部的矿工而制作的。在工装历史中还出现过一些功能性服装，它们虽没有牛仔裤那么有名，但同样具有研究价值，包括煤矿工人、铁匠、工厂工人和渔民穿着的服装。工装也同样为当代工业的保护性服装提供了范例，男装设计师可以把它作为设计研究的一部分，继续从中汲取养分。

图2.9　1939年，一位身着工装的美国建筑工人。

◀图2.10　Agnes B.的春夏男装。设计灵感来自连体工装，从中可以清楚地看到前文所示的工装的特点。牛仔布的使用和修长合身的裁剪使其更具现代感。

街头风格

时尚街拍已经成为一种流行且日益普遍的现象，并通过包括时尚博客在内的社交媒体平台而得以详实记载。时尚街拍曾经只专属于少数几家时尚杂志，如今，在互联网上分享交流男、女装街拍的图片激增，这无疑使获得时尚信息的方式更加民主化，甚至可以掀起某种时尚潮流，同时也创建了一个全球化的网络时尚社区。尽管通过这种相对容易获得可视性资料的方式可以为男装设计师提供一些有效的研究机会，但真正使用时还是需要谨慎和克制，最好只把它当成一个起点或者作为对设计进行更深入研究前的一个过渡桥梁。另一种选择是随身携带速写本，边观察边速写，这样也可以为最初的研究提供一些有用的素材。这些素材可以在以后跟其他元素结合起来，重新进行评估和取舍。街头风格对于设计那些不受商业因素限制的男装细节和调整个人特色方面尤其适用。而且，街头风格非常适合男装设计师在准备作品集插画或效果图时作为服装系列的整体风格。

◀▲ 图2.11~图2.13　男装街头风格图例。

THE : FUTURE : LABORATORY

Search + Filter Login

SEED TRENDS ▾ INSIGHT ▾ INNOVATE INFORM ▾ INSPIRE ▾

◂ Previous Article Insight : Markets Next Article ▸

CHINESE MENSWEAR MARKET

By Babette Radclyffe-Thomas and Jessica Smith

18 : 08 : 2015 China : Luxury : Menswear

Chinese men are spending more on apparel and favouring designed-in-China over imported brands.

图2.14 LS：N Global男装流行趋势网站。

LS：N Global

LS：N Global 是未来实验室（The Future Laboratory）的一个部门。未来实验室是一个有关流行趋势和市场情报的在线网站，其宗旨在于发扬时尚、媒体、品牌和奢侈品行业的创新思维。该网站的联合创始人兼主编马丁·雷蒙德（Martin Raymond）是《流行预测者手册》的作者，这是一本关于流行趋势以及更广泛领域的预测手册，是一本被普遍认可的权威出版物。

LS：N Global是一个收费平台，向业界和学术界提供前瞻性的新闻、不断更新的资料和发展趋势，为创意产业的专业人员和学生提供跨学科的、极具竞争优势的信息，包括提供男装行业的相关报告、演讲和研讨会来激发人们的灵感。

流行趋势与预测

对于大多数的公司和男装品牌来说，流行观察和时尚趋势预测都是关乎商业生存和商业策略的问题。而从设计和研究的角度来看，在设计过程中应用一些思辨性判断和冒一些可控的风险同样重要。总之，“要创新而不是模仿”，当然也不能孤立地搞设计，这一点也很重要。因此，男装设计师应该了解他们的设计环境以及他们想要吸引的目标市场。

男装设计中一个更有趣的现象是年轻的“时尚部落”与其街头风格之间的相互影响的关系。这些关系即是流行趋势，经常被设计师加以改造或将其商业化来作为卖点。传统意义上，流行趋势一般与大城市或时尚之都有关，如巴黎、伦敦和纽约。当然，这些城市在引领时尚热点方面仍然具有影响力，但今天的社交媒体平台也在将流行趋势的定义范围扩大到全球的网络社区中。

图 2.15 索菲·伯罗斯（Sophie Burrowes）的剪裁趋势板展示了一系列的面料小样和服装款式图片，提供了一些有关定制男装的未来发展趋势预测。

伦敦时装周男装展

伦敦时装周的男装展创始于2012年，是伦敦时装周的补充，同时也是为了确立伦敦作为男装中心的重要地位。从2017年的秋冬系列展开始，男装展已经成为伦敦时装周固定的一部分。这个为期三天的活动吸引了各大国际知名时装和男装品牌来到伦敦——这个号称传统的男装中心，有着悠久历史和引以为豪的英式制衣、男装配饰和充满活力的男装街头文化的地方——举办他们的时装秀和时装展。现在，男装设计专业的学生和广大的公众都可以通过网络直播或相关的社交媒体平台了解这个商业活动，因此这个每年两次的盛会也起到了为设计和灵感进一步提供信息的作用。

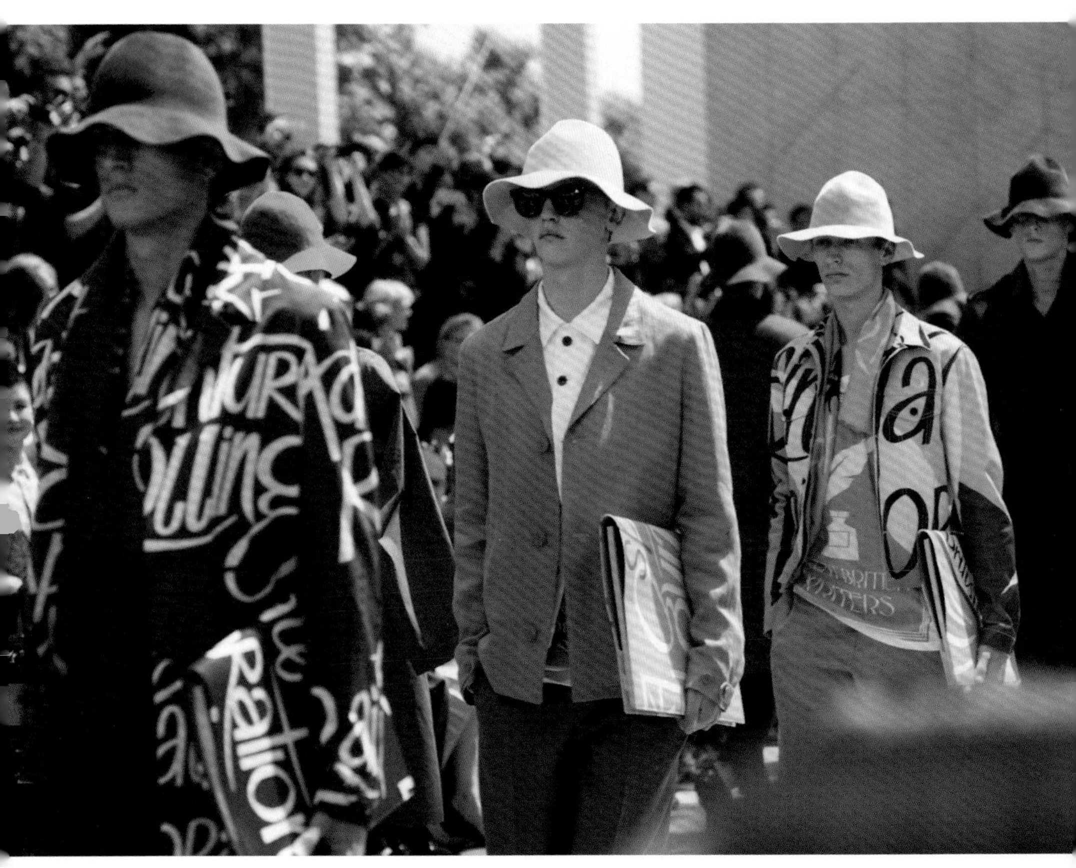

其他设计灵感来源

建筑

建筑是有关形状和结构的艺术，因此一直是男装设计师思想和灵感的源泉。男装和建筑都是在三维角度上解决空间和体积的问题，也都体现和反映出对材料与结构的兴趣。虽然从形状体积上来说，建筑要远远大于人体，但建筑的线条、细节、结构都可以为男装设计师提供思维来源，即可以在人体上进行三维想象和尝试。

或许男装和建筑真的有某种联系。男装制作中的许多工艺都要依靠一些表面看不见的设计来创造出某种形状，如前胸衬里用的帆布衬、毛衬、黏合衬、牵条等。这些就好比支撑一个建筑或居所结构的梁和柱。而且，从不同的角度看同一个建筑物会有完全不同的视觉效果。男装设计师可以从多种角度来欣赏建筑物的形状和线条，对于服装也是一样。不同的建筑种类和风格，比如从扎哈·哈迪德（Zaha Hadid）到弗兰克·盖里(Frank Gehry)的建筑设计，都可以为男装设计师提供灵感，让他们创造出新的男装。

◀图 2.16
巴宝莉·珀松2015春季时装秀，其男装作为品牌展示的一部分在伦敦肯辛顿公园举办。
阿卜杜勒·阿卜杜拉伊（Abdel Abdulai）设计的“来自达格邦的礼貌男孩”。

展览和美术馆

参观展览或美术馆也会受到启发和教育。许多设计师就是将参观展览作为他们研究或寻找灵感的出发点。参观展览的好处之一是，人们会在展览提供的一个背景或框架下研究和探讨主题、探索想法，或在回顾展上研究某个艺术家或设计师的作品。大多数城市的市中心都会有美术馆或展览，当然，其规模和主题会有很大的差异。像伦敦、巴黎和纽约等城市会拥有一些世界上最好的美术馆和博物馆，其永久收藏品包括历史文物、家居、雕塑、陶瓷、绘画、摄影作品、珠宝，以及服装、时尚设计品和纺织品。而当季展览和特殊事件展览往往会为研究探索某个特别的主题提供独特的机会。展览期间有时会同时举办一些专题讨论会并展出一些图文并茂的出版物。例如在伦敦的维多利亚和阿尔伯特博物馆举办的时尚和体育用品展期间就同时还有同名的专题研讨会。

到博物馆或美术馆参观展览明显的好处之一是可以通过直接观察收集初步的研究资料。虽然许多博物馆和美术馆会禁止拍摄展品，但他们大多都会允许学生或设计师边看边画。这要比仅仅看电脑屏幕或浏览杂志和网站更能获得一种整体感受，同时也让设计师能更仔细地观察眼前的物体或展品。这样，参观展览就成为一种感官体验，与设计师用面料在人体上设计男装的理念是一致的。

练习

男装设计发展调研

引言

对设计进行调研是创新过程中非常重要的一部分。这种调研包括各种各样的技巧和方法，主要指为了达到新颖的设计成果而进行的系统性的调查和个人探寻。虽然方法会有所不同，但调研过程应该使男装设计师能够超越仅能识别和选择原材料的层面，做到分析并重新评估设计计划，以达到最终的结果。调研过程应该是一种能激励和启发设计师获得成功的创新过程。

目的

- 理解男装设计领域调研的范围和价值。
- 评价调研与男装设计的关系。
- 测试某些调研方法并将它们用在男装设计的过程中。

讨论要点

- 找出与男装设计相关的一个灵感来源并讨论如何通过一个可持续的计划对其进行调研。
- 参照一组当代男装系列，讨论该系列主题背后可能的调研过程，以及该系列的关键单品。
- 讨论男装设计中可使用的各种设计方法，并思考不同的方法在设计过程中的应用范围。

实践活动

- 研究一件军装或制服，关注它们的功能性细节。以此为基础，设计一个现代男装系列，尝试提升你的设计思路。
- 选一件男装古着。了解它的来源（真实的或想象的），并以它为设计起点，创作一系列带有草图和注释的视觉调研板，设计一件现代男装。
- 确定一种当前的男装流行趋势，可以是自己观察到的，也可以参考流行文化资料。创建一系列视觉脚本板来表达你的想法，并以此为根据来开展你的设计调研，包括裁剪、廓型、面料、色彩等。

人物专访

绅士博主马修·佐帕斯

马修·佐帕斯（Matthew Zorpas）是伦敦的一位创意顾问、讲师，也是引领英国男性时尚和生活方式的博客“绅士博主”（www.thegentlemanblogger.com）的创始人。

请问您当初为什么会创建“绅士博主”？

“绅士博主”最初是为成功男士提供的生活方式在线日志。一开始我只是想启发、推动和交流，并与全球更广泛的读者分享我的个人旅行经历。今天，它已经成为一个致力于伦敦以及世界各地的男士时尚、街头时尚、艺术和文化交流的平台。我的目标是确保读者能够受到熏陶和得到灵感，并获得独一无二的内容，丰富他们的人生之旅。“绅士博主”的核心是为那些渴望知识、追求丰富的生活方式并关注细节的绅士提供丰富的启发性信息。

跟我们谈谈有关您与品牌合作的情况吧。

从2012年6月开始我与许多知名品牌进行了合作，例如：Cartier、Chopard、Tommy Hilfiger、Fabergé、Brooks Brothers 和 Dsquared 2等。最近我又成为一些全球知名品牌的英国形象大使，包括Mini Clubman 和Coach。我的合作形式比较多样化，可以从产品广告植入、内容创作到品牌战略，或者只是尝试简单地推广一个产品或品牌。

您的博客这么成功，有什么是最让您感到惊讶的？

我认为最让我惊讶的应该是读者数量的增长以及他们的参与度。而且在现实世界中会被人认出，这一点也让我很惊讶。

您认为社交媒体对男装有多重要？

我真的认为社交媒体对于任何一个品牌来说都是唯一的平台，不管是新品牌还是老品牌，都要依靠社交媒体去交流、促销和销售。而且在将来，无论是维持一个旧品牌还是创建一个新的品牌形象，都要由社交媒体来决定它们能否生存下去。如果你不利用社交媒体，那么你的品牌自然就把X（指1965~1980年出生的人）和Z（指95后）一代的人排除在外。这个时代的特点是“线上第一，线下第二”。

您对自己品牌的未来有何计划？

“绅士博主”在过去的三年已经有了一批非常忠实的粉丝而且还在非常稳步地增长。我打算扩展一系列适合我的受众的线下产品，同时也要设立慈善基金部门为新的创业企业提供支持。这是我扩展品牌的目标，但也要回馈我的忠实粉丝。此外，我认为我的品牌在不久的将来会为企业提供顾问服务，并为大品牌开展数字化计划。

第3章
制衣业的传统

制衣业代表了男装独特的一部分，具有丰富的传统和形式，根植于历史规则和惯例。虽然存在地区和国家间的差异，但制衣业都根植于对工艺的尊敬以及对裁剪、细节和材料的欣赏。本章总结了男装定制的要点和传统，包括独特的英式萨尔维街裁剪以及与意大利和美国相关的民族特色传统。制衣也是一种现代工艺，通过技术和熟练劳动力的结合，不断地塑造和定义男装。对于男装设计师来说，制衣业将会为他们推进男装发展继续提供机会。

如果在大街上人家都在看你，那是因为你没穿对衣服。

——博·布鲁梅尔

（Beau Brummell）

◀图3.1　丹·普拉萨德的定制男装以他对线条和廓型的关注而著称。

制衣业

制衣业泛指为男人或女人制造具有一定廓型和结构的服装的一套技术流程和熟练操作。它与男装密切相关，历经漫长的历史演变，在19世纪得以迅速发展。制衣业也是对服装结构的某个细节的精益求精，特别关注裁剪和合身性。这些熟练的操作一般由经过多年专业学习和技术训练的裁缝来完成。

在服装的合身、比例和平衡方面，裁缝一般会遵循传统形式和惯例，但某些男装设计师可能会有能力去打破常规，敢于冒险。对于一件定制服装来说，那些看不见的东西和看得见的同等重要，因为是服装内部使用的东西，如帆布衬、毛衬、针脚和衬料等决定着一件衣服的整体外观。

多年来，随着生产技术的发展和进步，定制服装也在传承中变得多样化，最终导致大规模生产的服装和独特的定制服装的显著差异。尽管现在大多数人穿的服装和市场上销售的服装都是工业生产的，但在英国还保留着很强的传统“定制”服装业。客户可以向某个裁缝订购套装或类似于套装的服装。位于伦敦萨维尔街（Savile Row）的许多著名的裁缝店就提供这种定制服务，整个过程包括量体、裁剪、试衣和缝纫，以满足不同客户的需求。今天，意大利、法国、美国和亚洲地区的裁缝也在为客户提供类似的服务，当然具有一些地区差异。一些裁缝还利用互联网和社交媒体来延续男装的悠久历史。

图3.2　1750年左右的一男子肖像画，图中男子穿着当时非常时髦的剪毛外套配长款的装饰马甲。

西服

现代男子西服的源头可以追溯到17世纪中叶男子穿的长袍。那种新式的长款合身西服一般要穿一件配套的马甲，最初由英国国王查尔斯二世穿着。著名的日志作者塞缪尔·佩皮斯（Samuel Pepys）在1666年10月8日曾经写道："国王昨天在议会中宣布他的一个决定，说他要引领一种永远不会改变的服装时尚……"佩皮斯接着提到了源自波斯的东方服饰风格，历史学家认为这种风格是当时流行的长袍风格的基础，很可能是由驻波斯和中东的外交官传到欧洲的。查尔斯二世公开宣布他不再穿老一套的男装，也表明了他不想再受路易十四所掌控的法国宫廷风格的影响。但是，法国国王几乎在同时也接受了这种新型的长袍风格，而且几年之内，这种新的外套就被广泛接受。

图3.3 丹·普拉萨德的定制西服原型。

图 3.4　1904年，英国男子穿的三件套西装，头戴圆顶常礼帽，并配有硬的、可拆卸的衬衫领和领带。

定制

“定制”（Bespoke）一词来源于英语词汇“Bespeak”的过去式，意思是提前订购，现在指定制的服装。根据不同客户的特殊需求而定制的服装，一般也意味着高品质的技术和服务。萨维尔街服装定制协会有关“定制”的定义是“在萨维尔街或在萨维尔街周围，根据客户的具体要求而定制的西服”。

定制西装由人工裁剪，由技术高超的技工制作，使用的服装板型是专门为客户制作的。在传统的高级男装领域，萨维尔街的定制服装堪比法国的高级女装。根据法国时装联合会的定义，高级女装就是定制女装。参见本书第74页可见更多有关萨维尔街定制服装的图片。

图3.5　一套萨维尔街定制的西装需要50个小时的手工制作和若干次的试衣。

粗花呢休闲西装

粗花呢休闲西装的出现通常认为与英国的乡村生活方式有关，一般是单排扣，前襟有两到三个扣眼，带盖口袋，后背中开衩使人联想到骑马夹克，有时会用到真皮包扣和肘部补丁。一些美国人和欧洲大陆人喜欢后背侧开衩，一种更为休闲的式样。粗花呢休闲西装代表着传统和传承的结合，通过各种各样的面料图案，包括哈里斯粗花呢、多尼格尔粗花呢、人字呢、千鸟格呢、黑白格呢等面料来适应不同的个人风格、场合和品味。

单排扣运动西装

单排扣运动西装源自19世纪英国的划船俱乐部。最受欢迎的是海军蓝色面料配黄铜扣或珐琅扣的款式，但也有各种俱乐部面料为条纹和亮色的，材质为棉斜纹织物和亚麻织物，有时会有穗状边饰和贴袋。这种款式在美国已经被采纳为私立学校学生的校服，或被男装设计师选中，在胸前口袋上增加一个徽章。海军蓝运动西装和灰色法兰绒裤子的组合是运动正装的标配。

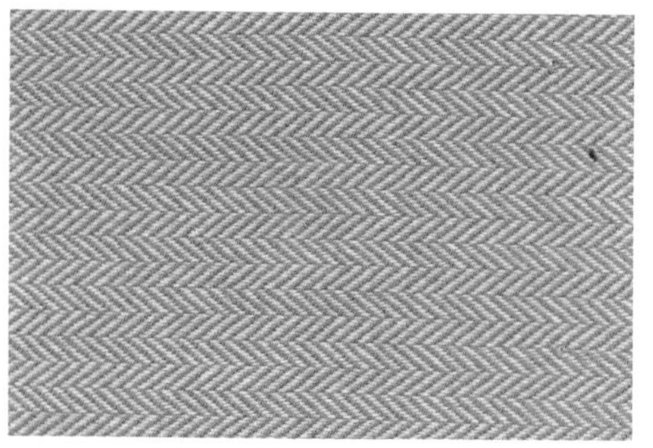

人字呢

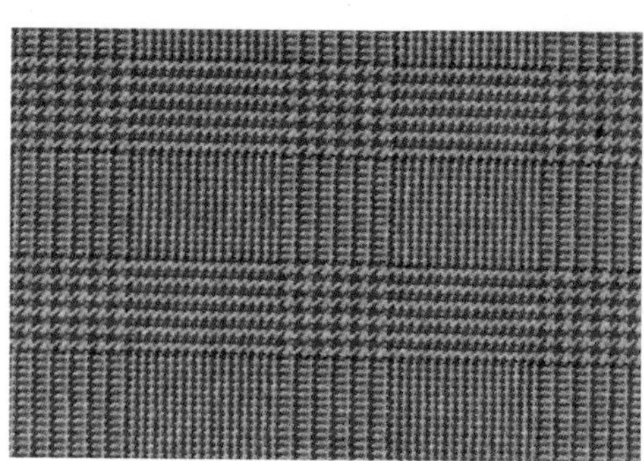

格伦格子呢

萨克森法兰绒，美丽奴花呢

多尼格尔粗花呢

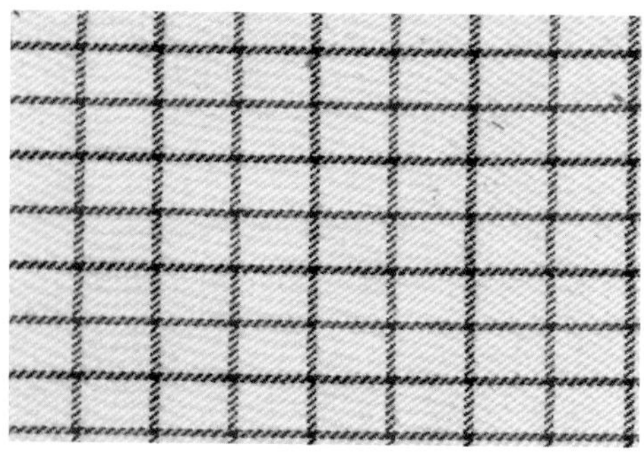

塔特萨尔花格呢

设得兰粗花呢

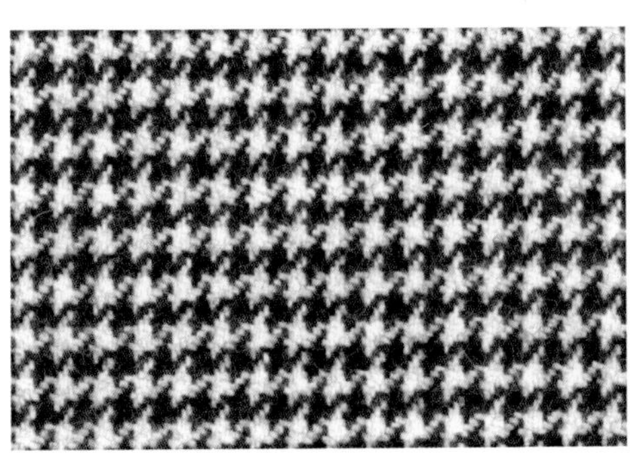

千鸟格呢

切维厄特西服面料

纯羊毛西服面料

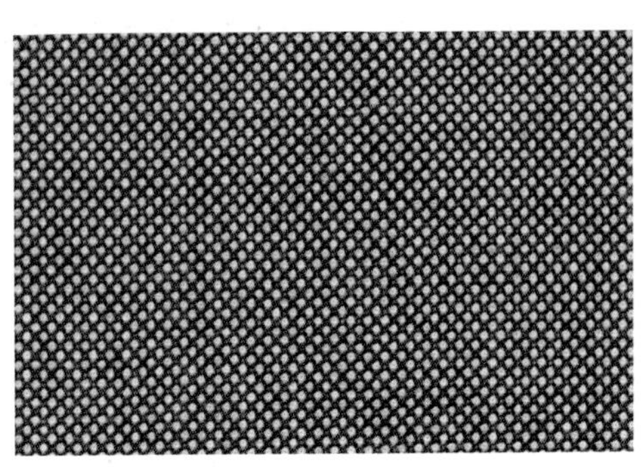

鸟眼西服面料

威尔士亲王方格面料

斜纹厚绒布

图 3.6　丹·普拉萨德在他工作室的人台上做西服上衣。

时尚引领者

讲到男装的历史当然不能不提一些在穿着打扮方面非常出众的名人或群体，其中最重要的应该要数马卡路尼（Macaroni）和花花公子（Dandy）这两个群体了。

花花公子

“花花公子”一词于18世纪和19世纪早期才在英国广为普及，也是当时英国风开始引领世界男装时尚的时期。花花公子主要指这样一群男士：他们穿着讲究，经常出入高级社交圈，而且总是妙语连珠。跟早期来自法国的浮夸的宫廷风格相比，19世纪初摄政时期的英国男装风格给人一种朴素、不拘谨的感觉，但仍然遵守某些着装规则，即什么是好的品位，什么是差的品位。花花公子中最具代表性的人物是博·布鲁梅尔，他曾经是摄政王的朋友。博·布鲁梅尔对于定制男装的影响之巨大是怎么强调都不为过的，而且这种影响现在还在继续。

萨普族

萨普现象产生于20世纪的中非刚果共和国，历史上曾经是法国殖民地的非洲国家。萨普即“SAPE”，是法语“Société des Ambianceurs et Personnes Élégants”（民间时尚人士协会）的首字母缩写。萨普族一般指非常时髦，在群体中也很受尊敬的男士。他们对自己的外表深感自豪，非常仔细地挑选高品质的服装和配饰，而且他们的服装都是法国或欧洲设计师的高级时装品牌。萨普族引人注目的外表以及对于服装细节的精益求精常常跟他们所处的环境形成鲜明的对比，因此萨普族花枝招展地出现的地方，总是会吸引当地非洲人的特别关注。从男装设计的角度来说，萨普族的穿衣风格常常会给设计师提供很多灵感。

> 花花公子是指一群对穿着极为讲究的男人，他们选择什么职业，在哪里办公，甚至他们活着似乎都是为了穿着。
>
> ——托马斯·卡莱尔
>
> （Thomas Carlyle）

时尚偶像：乔治·布赖恩·布鲁梅尔

乔治·布赖恩·布鲁梅尔(George Bryan Brummell)更著名的名字是博·布鲁梅尔，他是男装进化历史上，特别是现代男装史上最著名的人物之一。法国大革命之后，英伦风格的男装在19世纪早期的几十年里越来越受欢迎且极具影响力。与此同时，博·布鲁梅尔因其高雅的品位成为英国的时尚权威。他出入上流社会的社交圈，并赢得了摄政王即未来的英国国王乔治四世的青睐。在与布鲁梅尔交往之前，摄政王以其浮夸的服装风格而闻名，因此人们普遍认为是布鲁梅尔影响了未来国王的着装风格。摄政王的支持意味着英国贵族很快接受了一种更加庄重的着装风格，男士曾经的亮色服装、装饰性标志和高跟鞋都很快就退出了历史舞台。

布鲁梅尔最伟大的才能在于他将现有的服装风格重新设计和组合，而不是推出全新的服装。例如，英国乡村男子有骑马的习惯，布鲁梅尔就将英国乡村风格的骑马服加以改变，通过把红色换成海军蓝或黑色，并调整它们的比例，使它们看上去更新潮，也更适合城市着装。他还普及了长裤，从而替代及膝的马裤，并且非常注重颈部的装饰。布鲁梅尔在男装史上留下了永久的遗产并确定了男装未来的发展方向。如今，为了纪念他，人们在伦敦的杰明街——这个以精良的男装企业闻名的地区，放置了他的雕像。

图3.7　图中男子所戴的色彩柔和的颈部装饰是因布鲁梅尔而流行的。

英国制衣业

英国的制衣业是在19世纪早期以“英国风”的面貌出现的。这一现象与英国通过对外扩张贸易，尤其是通过具有里程碑意义的工业革命，逐渐在世界经济中取得优势地位几乎是同一时间。19世纪和20世纪初，通过穿着裁剪合身、讲究细节的男装来表现自己社会等级和地位的理念被普遍接受。因此，英式西服一直在遵循某种惯例，主要表现在其严苛的裁剪、完美的合体度以及精良的制作上，也因此区别于意大利和美国制作的西服。英国传统西服的板型有修长偏高的腰身，袖山较高因此较合身的袖窿，还有两侧的长开衩，这使得西服后片可以轻松盖住臀部。

这种所谓的“沙漏”型裁剪更多地源于英国人历史上的骑马习俗和军装夹克的发展。同时，这种裁剪也使得男子能够保持直立挺拔的良好姿态，这也是表现一个人性格的重要标志。正规的英式裁剪倾向于让那些又高又瘦的男士显得更出众，而这样身材的人也更有可能被认为是绅士或官员阶层。定制的裤子一般为臀围线较高，裤腿相对贴合腿型。吊裤带比腰带更受欢迎，因为有显高的作用，而高腰则会更显腿长。19世纪，伦敦的许多裁缝相继成立了公司以满足迅速壮大的城市商人的穿着需求。从此，英国制衣业与萨维尔街有了特殊的紧密联系。

我们的理念是将创新与传统相融合，我们的服装是将英国传统的制衣技术与当前英国社会的无政府状态糅合在一起：这可能源自我早期为“冲突”和“U2”乐队设计的舞台服装与我在萨维尔街的Gieves & Hawkes服装店为英国成功人士制作服装的不同经历。我总是被这些二元性的观念深深吸引。

——乔·凯斯利–海福德

(Joe Casely–Hayford)

图3.8　从2009年开始，一对英国父子创立的时装品牌Casely–Hayford因其设计而著称。他们的设计将“英国的传统”和“英国的无政府状态”结合起来，而且总能表现出萨维尔街制衣的品位。

萨维尔街

萨维尔街是伦敦梅菲尔区的一条街道，已经发展成为英国最优秀的裁缝的核心区（这条街道也因披头士乐队而著称，披头士乐队的最后一场演唱会就是在他们位于伦敦的Apple唱片公司总部的屋顶举办的）。但萨维尔街最重要的一点是英国服装风格的堡垒，代表着最高的品质和服务标准，其独特的缝纫传统已经有200多年的历史了。

根据萨维尔街服装定制协会的规定，这条街上的定制公司应该具备以下条件：

- 有专门的裁剪师制作纸样，一人一款；
- 由裁剪师亲自监督生产；
- 所有的裁剪师和缝纫师都要经过培训，并对萨维尔街的标准了如指掌；
- 一般两件套西装几乎要全手工完成—— 至少要花费50个工时；
- 现场提供专业的服装资讯服务；
- 能够为顾客提供至少2000种面料选择，其中可能包括一些高级奢华的面料；
- 保留客户的全部记录和订单细节；
- 提供一流的服装售后保养服务，包括清洁、熨烫、修改和配纽扣。

图3.9 男装定制中心——萨维尔街在伦敦标志性的标牌。

要从萨维尔街定制西服曾经有一套非常独特的程序，即新顾客需要由老顾客非常正式地引荐给一家缝纫店。经过多年的变迁，这种正式的礼仪已经有所松动，但萨维尔街对于品质的高标准要求没有变。所有西服必须符合以下特点：

- 手工裁剪，有垫肩和麻衬；
- 领面和领衬要用手工缝合平整；
- 前襟和开衩处都由手工用拱针针法缝制；
- 手工绱袖；
- 前襟和袖口的纽扣由手工用十字针法缝制；
- 所有衬里都由手工平缝；
- 袖窿衬里要留一定的伸缩量并且要用手工缝制；
- 前身口袋都要求手工明缝制；
- 袖口要开真扣眼，所有扣眼都要手工锁眼；
- 斜胸袋都需要手工锁边；
- 主要衣缝处要留有足够的放缝（7.5cm），以便于调整。

一套萨维尔街全定制西装，应该由经验丰富的裁缝师傅根据客户的具体要求，经过仔细的量体裁衣之后，在萨维尔街的门店手工缝制而成。这个过程可能需要4~12周的时间，其间包括若干次的试衣。如今，萨维尔街的大多数裁缝店都提供私人定制服务和高级成衣改装，同时还经营一系列的男士服饰品。

如今，尽管男装设计师品牌数量激增，但萨维尔街不仅经受住了经济的动荡幸存了下来，而且还找到了新的客户，他们支持和认同萨维尔街所代表的独一无二的高品质。下面我们将重点介绍萨维尔街几家有名的裁缝店。

我的裁缝是唯一明智的人，每次他见到我都会给我重新量体，而其他的人都在继续使用他们过去的测量数据，并希望适合我。

——乔治·萧伯纳

（George Bernard Shaw）

◀▲图3.10a~e　安德森和谢帕德男装店（Anderson & Sheppard）从1906年开始就遵循着萨维尔街裁缝店的传统来开展它的定制服务。

理查德·安德森裁缝店（Richard Anderson）

理查德·安德森（Richard Anderson）和布莱恩·李沙克（Brian Lishak）是该店的合伙创始人，也是这家萨维尔街受人尊敬的高级定制裁缝店的招牌。2001年两位裁缝大师强强联合，创建了自己的品牌店。之前他们已经在萨维尔街工作了很多年。该店一直秉承着萨维尔街的传统，选用上好的面料，而且由于袖窿开得较高，所以他家制造的西装更显合体、修身，线条感极强。

安德森和谢帕德男装店（Anderson & Sheppard）

安德森和谢帕德男装店，是一家号称为查尔斯王子制作西装的裁缝店，它非常严谨，拒绝了所有想要其品牌授权的要求，而且不提供成衣系列服务。该店充分体现了被许多人认为的萨维尔街的神秘性和诱惑力。他家的服装风格是垫肩比较薄，胸部自然悬垂，腰部轻度修身。为了突显他们上好的面料，所有翻领部分都要手工加衬，所有缝隙也要尽可能细小。

切斯特·巴里服装公司（Chester Barrie）

切斯特·巴里服装公司从1937年起就开始销售经典的英国手工西服。该公司在萨维尔街有一个工作室，在英格兰北部的克鲁（Crewe）还有一家工厂。公司通过将机器操作技能与手工裁剪技术相结合，以高品质和高工艺而著称。其特别之处主要是主张用传统的英国裁剪方法来生产高品质的成衣。1981年，萨维尔街的裁缝H.亨茨曼(H Huntsman)首次购买了切斯特·巴里公司的成衣股份。

德格和斯金纳裁缝店（Deg & Skinner）

德格和斯金纳裁缝店建于1865年，代表着萨维尔街的优良传统，其盛名还源于它与英国王室、阿曼苏丹以及巴林国王的密切联系。该店制造的西服风格有修长腰身以及斜肩，这一点反映了其在军装方面的裁剪专长：他们一直拥有为英国皇家骑兵制作礼服、马裤以及为皇家骑兵和警卫队的军官制作礼服的合同。

埃德和雷文斯克罗夫特裁缝店（Ede & Ravenscroft）

埃德和雷文斯克罗夫特裁缝店建于1689年，是伦敦也可能是全世界最古老的裁缝店。除了长期服务于英国王室外，该店也为教堂、国家、法官和学术界提供礼服制作服务。

吉维斯和霍克斯裁缝店（Gieves & Hawkes）

吉维斯和霍克斯裁缝店建于1786年，其旗舰店位于著名的萨维尔街1号。早期的客户包括海军上将纳尔逊勋爵、威灵顿公爵。如今，该店除了继续提供高级定制服务外，还提供比较灵活的成衣制作和其他服务。该店负责定制的裁缝在提供高品质的测量和试衣服务方面都接受过专业的培训，以满足不同客户的需求。

H.亨茨曼父子裁缝店 (H Huntsman & Sons)

H.亨茨曼父子裁缝店建于1849年，专长是为绅士们制作狩猎和骑马的服装，以修身合体的夹克上衣而闻名。他们所有的高级定制服装都是在门店手工制作，而且以特别专注细节而著称。

理查德·詹姆斯裁缝店（Richard James）

从1992年在萨维尔街开店以来，理查德·詹姆斯和他的生意伙伴西恩·迪克森（Sean Dixon）就完全采用他们现代的经营方式，除了全定制服务之外，同时提供现代量体裁衣服务和男士配饰服务。他们店以修长的腰身、合体的外形以及非常现代的用色吸引了许多客户，尤其是年轻一代的客户。他们在东京开设了一家独立商店，并在该公司原来萨维尔街门店的对面增开了一家理查德·詹姆斯高级定制店。

基尔戈裁缝店（Kilgour）

基尔戈裁缝店自从1882年在萨维尔街开店以来就因其精湛的缝纫手艺而久负盛名。该店的老主顾有一些是好莱坞精英，其中包括路易斯·B.梅耶（Louis B Mayer）和加里·格兰特（Cary Grant）。基尔戈裁缝店的整体风格和其代表性的一粒扣西装夹克非常适合加里·格兰特的优雅气质。如今，该公司仍在继续提供定制和成衣系列服务，以及基于其定制传统的一整套服装修改服务。

诺顿父子裁缝店（Norton & Sons）

诺顿父子裁缝店于1821年由沃尔特·诺顿（Walter Norton）创建，最初是为伦敦都市的绅士们提供缝纫服务。在19世纪60年代迁往萨维尔街之前就发展迅速。很快，该店就因其出色的裁剪缝纫技术、适合海外旅游的轻质面料以及多样的服装风格而著称。他们制作的服装包括休闲西装、晚宴套装、晨礼服、狩猎服以及野战大衣。

亨利·普尔裁缝店（Henry Poole）

亨利·普尔裁缝店是一家著名的服装店，于1806年成立，1846年将店址迁到萨维尔街，很快就因其服务过拿破仑三世、查尔斯·狄更斯、爱德华七世等客户而顾客盈门。维多利亚女王曾授权该店生产王室御用服装。如今，世界各地的王公贵族仍是该店的忠实顾客。

◀图3.11 、图3.12　理查德·詹姆斯店的现代男装设计——2016秋冬系列。

切斯特菲尔德大衣

切斯特菲尔德大衣(Chesterfield)是一款适合都市绅士穿着的半合体直裁长大衣，产生于19世纪，现在仍属于正装，适合穿在西服外面。该款式一般为单排扣，暗开襟，面料常用灰色、蓝色和黑色的人字呢，有时会配有天鹅绒的领部装饰。

意大利制衣业

在欧洲男装的演变和发展史上，意大利一直占据独特的地位，这与其历史悠久且高品质的纺织技术和工艺分不开。19世纪意大利统一之后其服装业呈现出一些地区差异，但总的来说还是独具意大利特色。即使在文艺复兴时期，意大利各独立国就因其政治上缺乏一个统一的中央宫廷而区别于其北欧的邻国。由于人们可以自由地展示个人和地域的个性，意大利男人对着装有其独到的见解，主张每个人都有权穿着打扮而不应受任何等级观念的限制。

意大利西装制造商以精致和轻盈著称，他们自己称之为优雅，主要体现在使用轻薄的面料和衬布，这一点与萨维尔街的传统不同。在用色方面与传统的英国纺织品相比也更为轻盈明快，这不仅与其温和的气候相关，更反映了意大利男人对着装的态度，即服装是一个人品味和生活方式的标志，而不仅仅是个人财富和等级的反映。费利尼（Fellini）在他1960年拍的电影《甜蜜的生活》中的着装就反映了这种态度，也确认了战后意大利作为优秀男装缝纫中心的复苏。

今天，意大利作为世界著名的男装制造大国，其西装制造商可以大致分成两大类：区域性裁缝店和设计师品牌店。他们都依托于本国的劳动技能和缝纫传统，款式风格会随季节变化，但品质上绝不打折。下面我们将介绍几家著名的品牌店。

我喜欢那些年代久远的东西，那些不会过时的东西，那些经得起时间考验的东西，以及那些真正能代表美好生活的东西。

——乔治·阿玛尼（Giorgio Armani）

图3.13　乔治·阿玛尼巧妙地组合各种面料并运用柔和的结构裁剪，是当代意大利男装风格的典范。

布里奥尼裁缝店（Brioni）

布里奥尼是意大利最独特裁缝店之一。这个建于1945年，位于罗马的男士服装店，从一开始就不同于英国萨维尔街的男装店，它通过创建自己的传统手工作坊和服装生产部门，并聘用专业的裁剪师和熨烫工来提供定制服务。随着布里奥尼的名声远扬，它的名流客户也越来越多，包括约翰·韦恩（John Wayne）、加里·库珀(Gary Cooper)、亨利·方达(Henry Fonda)以及西德尼·波蒂埃(Sidney Poitier)等。今天，布里奥尼向全世界出售它的成衣和定制服装，维护着意大利精湛的缝纫产业的地位。

奇顿裁缝店（Kiton）

奇顿裁缝店代表了历史悠久的意大利南部那不勒斯地区的传统缝纫技艺，为人们提供技艺精湛、裁剪合体的西服。该店最具盛名的是使用世界上最好和最轻的面料来制作定制西装或成品西装。一件奇顿西服最主要的特点就是柔软、圆润、舒适的肩部。

乔治·阿玛尼 服装品牌

如果要讲男装的故事及其演变史就不能不提意大利时尚设计师乔治·阿玛尼。20世纪80年代他给流行时装带来一股清风。他最著名的革新是给服装减重并去掉西装的垫肩，被称为解构式西装。他设计的男装最主要的特点是线条简洁大方，面料考究，这一点也影响了他的女装系列。阿玛尼这一服装品牌是意大利男装风格的典型代表，在全世界拥有一批忠诚的顾客，并受到世界各地媒体的尊敬。

美国制衣业

美国制衣业的形成和发展归功于几个因素的共同作用，也因此逐渐形成其独有的特色。早期的欧洲移民将缝纫技术和相关手工艺带到美国的纽约和芝加哥等中心城市。由于缺少别的选择途径，在19世纪和20世纪早期的美国，欧洲男装风格大行其道并不断被模仿，当时的时尚出版物发挥了主要的作用。标准化的成衣样板和量身系统的引进恰逢制衣业从手工生产体系向机械化的成衣制造业转变。为了应对迅速增长的美国经济的供求关系，人们通过不断增加连锁零售店和男装店，如布鲁克斯兄弟（Brooks Brothers）专卖店，将大规模生产的男装销售给美国大众。

20世纪20年代以来好莱坞电影的重要影响也不容小觑。出现在电影银幕上的时尚偶像，诸如克拉克·盖博（Clark Gable）、加里·库珀、弗雷德·阿斯泰尔（Fred Astaire）等，他们不仅让观众疯狂，也引领了时尚潮流，最终确定了美国制衣业的走向。他们的风格被模仿、复制，并以成衣的形式通过美国庞大的零售渠道销售出去。

还有一个词对于美国的制衣业来说是独一无二的，那就是“学院风”（Preppy）。这种风格代表了一种对传统、教育、阶层或者家庭纽带的尊敬。尽管是多种因素的共同作用促成了美国早期制衣业的发展，但毕竟最终出现了今天独具特色的美国风格。下面，我们将介绍在美国制衣史上非常著名的服装店。

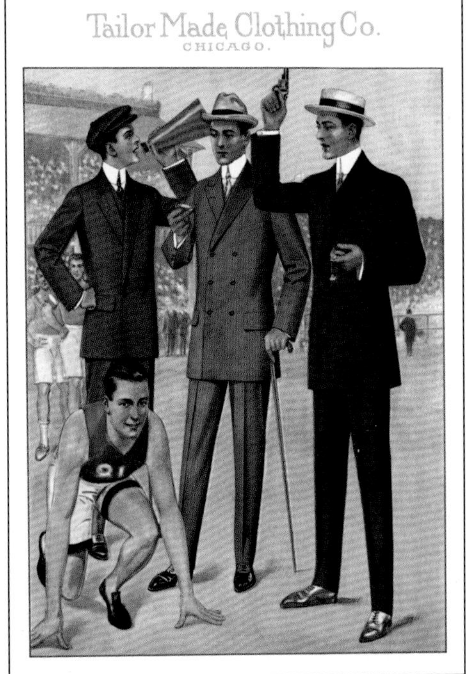

图3.14 1939年美国人所穿的双排扣垂悬式西服，垫肩很宽，长裤裁剪宽松。

布鲁克斯兄弟服装店

出身零售商的布鲁克斯兄弟店成立于1818年，是美国最早的男装连锁店。该店的定制西服集欧洲的感性与更加自由自在的美国态度于一身。一套经典的布鲁克斯兄弟西服包括一件两粒扣或者三粒扣的宽松西服上衣，上衣肩线自然，衣后中开衩；搭配有前褶或无褶的高腰西裤，一般需要吊裤带或背带来固定。

该店使用的经典面料一般包括深蓝或灰色细条纹面料、细法兰绒、人字呢和威尔士亲王方格面料。面料的重量依季节的不同而不同，夏季的面料主要包括真丝混纺和男士用的细条纹棉泡泡纱织物。

布鲁克斯兄弟店有名的主顾包括克拉克·盖博、安迪·沃霍尔(Andy Warhol)以及历届美国总统，从林肯到克林顿和奥巴马。在最近的一部非常火爆的电视剧《广告狂人》中，我们也可以看到顾客蜂拥至布鲁克斯兄弟店去购买修身西服的情景。

图3.15　美国布鲁克斯兄弟服装店受委托为获奖电视连续剧《广告狂人》制作部分西服。

衬衫

男士衬衫已经有几百年的历史了。衬衫最初是作为内衣紧贴皮肤穿着的，仅露出边缘和开口的部位。颈部的装饰从拉夫领演变为覆盖住颈部的蕾丝领，直到后来的领巾。到了19世纪早期，裁剪宽松的高领衬衫一般需要佩戴领巾以衬托外边的高领大衣。19世纪慢慢演变出了分别适合白天和晚上穿着的不同衬衫，衬衫的前部露出多少主要取决于西服马甲的裁剪方式。衬衫领是可拆卸的部件，通过纽扣或饰钉固定在领口上。领子形状很重要，因为它决定了衬衫的正式程度。白色礼服衬衫保留装饰性细节，如精致的褶皱，有荷叶边或刺绣的衬衫前襟；白天穿的正装衬衫一般是上过浆的，带有可拆卸的领和袖。硬的立领上一般会打一个领结。不太正式的日常衬衫开始有图案和条纹，但也包括可拆卸的领子和现代衬衫的翻领。1871年，戴维斯公司（Davis & Co）的布朗（Brown），一个做衬衫的英国人，申请注册了第一个前门襟全用纽扣的男士衬衫。在此之前，所有衬衫都是套头穿的。

定制衬衫为人们提供了成品衬衫之外的另一种选择。如今，定制衬衫基本上专属于喜欢奢华的绅士和富有的顾客。高品质的衬衫制造商只有在巴黎、米兰、罗马和纽约这样的世界时尚之都才能找到。伦敦也有著名的衬衫制造商，他们仍然在继续生产英式的定制衬衫来搭配萨维尔街西服。

▲图3.16　当衬衫多样的款式和丰富的色彩成为可能后，人们强烈地想要回归如上图所示的简单、干净的穿着方式也就不足为奇了。

领带

在男装的演变史上，领带尽管是一个相对比较年轻的配饰，但它却一直代表着传统和礼节。19世纪早期，人们就利用各种各样的“结”来搭配花样不断变化的衬衫款式和衬衫领型。其中就包括领巾和阿斯科特宽领带（Ascot tie）的各种变化，以及一种被称为“Jabot”的下垂褶裥领饰。19世纪，当领带的花样越来越多，也越来越时髦时，就有各种出版的小册子教男士们如何打各种结。

19世纪60年代，在男士中流行一种打成水手结的长款领带，替代了之前搭配日装的阔领巾。黑色或白色的窄领结开始被认为与正式和晚装有关。穿宽松运动短上衣的男士也开始打领结。正式的日装和“星期天穿的盛装”一般会打阿斯科特领带，搭配白衬衫、白领子和白袖口。

四步结

19世纪90年代领带打四步结(Four-in-hand Knot)特别时髦。最初的设计是要搭配衬衫和马甲，以便露出男士衬衫上饰钉的数量，这种结很快就被普遍接受。据说“四步结”这种说法来源于马车夫，他们将缰绳打成四步结来拴马；另一种说法是马车夫戴的围巾就是系的四步结。还有一种可能是跟伦敦的一个叫Four-in-hand的俱乐部有关，其成员都打这种领带结，是他们让这种结流行开的。不管哪种说法是事实，四步结是今天大多数男士认可的标准的领带结。

▲◀图3.17a~b　米兰和伦敦时装周上见到的各种领带打结方式。

温莎结（Windsor Knot）和半温莎结（half-Windsor Knot）

除了四步结之外，真正能与之抗衡的只有谢尔比结 (Shelby Knot)、温莎结和半温莎结了，后两种结是因温莎公爵而得名的。打这三种结都要求领带有足够的长度和柔韧度，就是说要用上好的面料精心制作的领带才配得上一个有品位的人。

图3.18 男子四大领结图解指南：四步结、半温莎结、温莎结和谢尔比结。

练习

男装制衣业

引言

制衣业与男装密切相关而且至今仍然是男装设计很重要的一部分。制衣业又与熟练的技术工艺密切相关，需要掌握裁剪、适体、线条和比例等专业技能，这为男装设计师提供了很多重新设计和解构裁剪元素的机会，以此来追求卓越的服装。从最初的军装演变成现代的西服，男士制衣业一直在不断地重新界定自己并且在某些方面影响了女装。

目的

- 理解制衣业作为男装词汇一部分的历史性和关联性。
- 认识国际和国内男装制衣业的不同特点。
- 了解男装制衣的主要原理和要素并进行设计。

讨论要点

- 结合具体的例子，讨论符合英国、意大利和美国男装制衣传统的民族特色。讨论定制或手工定做的服装与机器生产的服装的区别。
- 评价博·布鲁梅尔对男装的影响以及他与花花公子风的联系。

实践活动

- 到一些商店去观察男装，仔细研究其裁剪、面料和细节。
- 仔细观察一件西服或大衣的内部结构，特别要关注肩线和前胸部位。并将自己的观察用笔记或手绘的形式记录下来。
- 到二手店买一件在自己预算范围内的男士西服外套。选择一种能吸引你的风格，并通过拆开来解构它。通过拍照或手绘等方式记录整个过程。做笔记，并用这些信息来重建你自己的服装设计。
- 从花花公子风或者萨普风中获得灵感，创作一个定制服装系列。研究你所选择的特点或风格，在创作一系列带有面料小样和色彩的详细的效果图之前，先设计一些视觉故事板，也包括服装的前后款式图。

人物专访

斯托尔斯定制

雷·斯托尔斯（Ray Stowers）是斯托尔斯定制公司的总经理和定制裁缝总管。2008年他跟自己的儿子克里斯（Chris）共同创办了这家家族企业，目的是以合理的价格提供英式定制和半定制服务。最近，该店又扩大了其业务，提供男士配饰的服务。

您为什么要创办斯托尔斯定制?

萨维尔街过去和现在的生意一直不景气，现在除了少数几家传统裁缝店之外，大多数都被大公司收购，以期成为全球品牌。定制及其所包含的服务已经被淡化。人们开始更加关注服装的价格，以期获得更大的市场。

我想打造一个前所未有的、真正的奢侈品定制公司。一个基于品质、服务以及拥有开放的订购制度的公司，它有技术和能力为顾客提供所需要的任何东西，包括使用毛皮、鳄鱼皮和蛇皮。

您是如何界定一套斯托尔斯定制西服的?

我们斯托尔斯定制服装没有任何真正意义的界定。我们生产的所有定制服装是为了满足客户的需求，即真正的定制，包括设计、风格建议、面料、试衣、个人细节和结构。

我们是根据客户的生活方式来制作服装的，要考虑他们住在什么地方、从事什么工作以及他们的社会地位。

你们会为顾客提供什么样的服务?

我们的理念是服务至上，而且为了满足个人需求，我们的服务非常开放，是不设限的。我们会定期拜访我们在美国、欧洲、中东、远东和俄罗斯的客户，也会根据客户的要求进行私人拜访。我们还会帮助管理客户的衣橱，提供服装的维修和保养服务。我们提供的服务要确保客户能够正确穿着，无论你是皇室成员、总理、银行家或律师。我们会确保每件衣服都适合你的目的并保养得当。此外，我们也为女士定制服装。

您对公司的未来有什么打算?

我们会继续为我们的客户提供终身的服务。当然，我们也在为未来打造品牌以扩大我们的业务。我们以定制的品质推出了全套的成衣和半定制服务，还创造了一些独特的配饰，如皮带和包等，以供顾客挑选。

图3.19　这是一件斯托尔斯定制西装上衣，展示了他们精细的制衣技术。

第4章
运动装、针织装和印花装

运动装指的是为运动或休闲活动而设计的各种服装。早期运动装的发展是在19世纪，主要在男装领域，反映了当时人们的一种非正式穿着方式，即更倾向于从实用的角度来考虑着装。很快，就形成一种惯例，即参加不同的运动要有不同的着装，最终导致了男装在纺织技术、功能造型和细节等方面的创新。本章将介绍运动装历史上的一些关键发展和创新，包括牛仔、针织和印花面料的应用，以及运动服装在全球范围内的影响力及其品牌的发展。

男人的时尚都起源于运动装，最后发展成全民的盛装。起始于猎装的燕尾服正是遵循着这样的轨迹。运动套装还只是刚刚开始。

——安格斯·麦吉尔(Angus McGill)

◀图4.1　克里斯·范·阿西男装公司(Kris Van Assche Menswear)设计的现代男士运动装，2014春夏款。

运动装简史

运动装起源于19世纪，当时人们已经养成在不同场合穿着不同服装的习惯，这就产生了诸如骑马要穿骑马服这样不同的着装方式。19世纪中期，由于欧洲和美国的工业化快速发展，出现了一些被富人们热捧的新的娱乐休闲运动。当时的运动装绝对是富人的专利，因为消遣娱乐对于大多数人来说还太奢侈，所以穿运动装就成了彰显自己社会地位和等级的符号。

男士运动装早期是显示穿着者社会阶层的符号，但很快就开始承担起推动人们身体健康和幸福的作用，并要求人们在不同的活动或场合要穿合适的服装。1894年恢复举办奥运会预示着运动装新的发展机会。但还要等50年的时间，随着纺织技术的发展，我们才能看到现在的专用运动装。

图4.2　两位英国绅士穿着19世纪的白色板球服。尽管厚重的面料看起来不太实用，但当时的运动服应该是极尽了当时任何可能的材料制作的；而之所以选择白色，应该是认为白色代表耀眼的日光，也因为这项运动是一项夏季运动。

蜡质面料夹克

这种上过蜡的棉质夹克属于乡村经典款，主要为参加各种户外活动而设计。蜡质夹克的造型有很多高水平的功能性细节，如双向拉链、风箱口袋和隐蔽的猎装口袋、可拆卸的风帽和领部的钉扣等。蜡质夹克尽管最初是为乡村生活而设计，但很快就受到喜爱户外活动的都市人的青睐。

传统的体育运动

在19世纪和20世纪早期，从事体育运动的主要是男人，当时妇女一般被认为太柔弱或者更适合待在家里，因此不适合参加拼体力的比赛性活动。早期男性的体育活动主要包括钓鱼、狩猎、射击，也因此催生了新的服装样式，如诺福克男士运动夹克（Norfolk Jacket）和灯笼裤（Knickerbocker）。

诺福克运动夹克在当时非常流行，最初是作为男士的狩猎装而设计的，面料是比较结实的粗花呢。人们骑自行车也穿诺福克外套，后来又用英国花呢制作一种更百搭的麻袋型外套（Sack Coat）作为早期的运动服装。灯笼裤一开始是人们在打高尔夫球时穿的，通常搭配针织毛衣。马裤（Jodhpur）当然是骑马时穿的，一般搭配紧身、高领的骑马夹克，头戴圆顶硬礼帽。

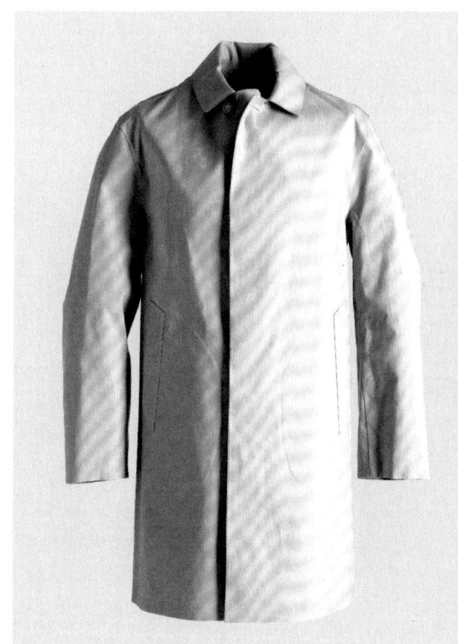

麦金托什雨衣

麦金托什雨衣（缩写为“Mac”）是一款有历史传统的真正大衣。1823年由一名叫查尔斯·麦金托什（Charles Macintosh）的苏格兰人发明。查尔斯将橡胶涂在斜纹棉布上制成防水面料，接缝处用胶带密封，以覆盖针孔，从而确保雨衣的穿着者不被淋湿。麦金托什雨衣集技术精湛和规格严谨于一体，吸引了许多国际奢侈品牌与它进行合作，并拥有了大量的忠实顾客。

美国的影响

到了20世纪初，由于工业化迅速发展、经济急剧增长和气候多样化等原因，美国已经建立了一种不同于欧洲的非正式的着装文化。美国人最感兴趣的体育项目是棒球和美式橄榄球，最终形成了独特的美式男子运动装。棒球夹克、五颜六色的夏威夷衬衫、拉链短夹克，再加上大胆的超大格子衫，这些都是在欧洲传统中所没有的东西。而且，跟欧洲人相比，美国人更能接受舒适自由的运动装。美国人认为运动装是其文化的精神外衣，是美国文化的一部分。自20世纪下半叶以来，运动装已经成为美式服装的代名词。

第二次世界大战之后，青少年的叛逆思潮再加上好莱坞的巨大影响力，都加速了运动装的崛起，最终影响了整个男装的风貌。纺织制造技术和整理工艺的进步，使运动装成为改变整个男装领域许多方面的催化剂。

图 4.3　Y3是日本设计师山本耀司受阿迪达斯公司邀请合作建立的全新运动装品牌。2002年，它的出现给运动装行业带来了革命性变化。图为Y3的2010秋冬系列。

棒球夹克

经典的棒球夹克展现了一种具有很强的运动装传统的美式风格。棒球夹克与学院风密切相关，已经成为非常流行的运动装单品，使得各种品牌和都市风格纷纷进行模仿。这款夹克的风格经过了几十年的发展，但它的典型特征依然没变，即：衣身采用色彩醒目的精缩羊毛面料，皮质衣袖的颜色与衣身反差较大，胸前有徽章或运动品牌的logo，前门襟用按扣，领子和袖口是条纹针织面料。

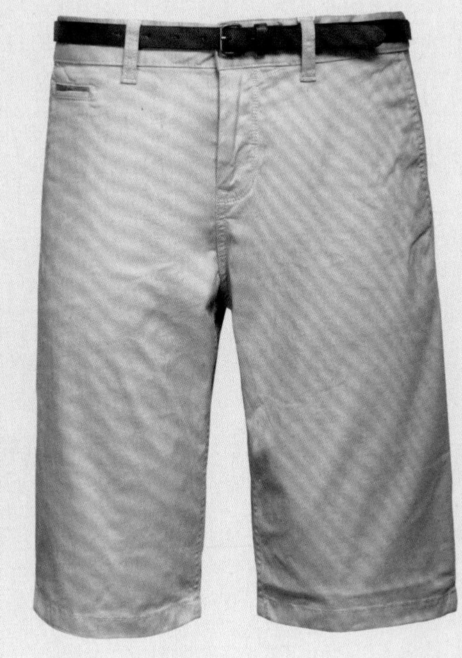

百慕大短裤

最初的百慕大休闲短裤是为被派往热带和沙漠气候的英国军人而设计的。这种短裤之所以叫“百慕大短裤”，是因为“二战”期间百慕大人仿制这种军人穿的短裤，并提供给他们的文职人员。战后，这种短裤的材质更加丰富，包括更活泼的色彩和凉爽的棉布，最终确保了这种风格的持久流行。

内衣

历史上，内衣一般是隐蔽的和相对平淡无特点的，是出于卫生目的在外套里边贴身而穿的一层衣服。但是到了20世纪，伴随着品牌运动装的兴起，男士的内衣也开始走出衣橱，登上了时尚杂志和广告牌。自20世纪80年代以来，通过在内衣腰头上展示设计师的名字和品牌标识，男式内衣市场经历了一场营销革命，并在展示不断演变的男性美和健身理念方面发挥了作用。

内衣革命

如今，男式内衣市场已成为一项大生意并成为各品牌男装的一部分。在欧美的男装品牌中，露出颜色醒目、并加了品牌名称的内衣腰头通常是休闲着装的一部分，也是男士内衣造型的一种现代现象。而且男士内衣无论是裁剪、图案、面料，还是合身度等方面都非常多样化。在现代男士内衣的发展中，卡尔文·克莱因（Calvin Klein）是著名的品牌引领者。该品牌通过一系列引人注目的广告和宣传活动，在竞争激烈的男装行业中提升了男士内衣的商业价值和时尚吸引力。

贴身汗衫

20世纪30年代中期以前，男性普遍穿一种连裤的无袖内衣。战争期间，美国的士兵都发有短袖汗衫，也称T恤。T恤因其轮廓形状而得名，战后成为男性衣橱中的必备款。在此之前T恤一直是内衣，且品种多样，包括棉针织、埃尔特克斯网眼和棉罗纹T恤。

纺织技术的进步扩大了内衣的合身度和织物选择的范围，包括无缝针织服装、运动型弹力纤维和棉混纺面料、具有发热性能的内衣、新一代竹纤维和大豆纤维等环保针织面料等。而且色彩和印花等元素也被广泛应用到这种无处不在的男士T恤上。

图 4.4　在男士内衣设计这个竞争激烈的行业中，杜嘉班纳（Dolce & Gabbana）是领头羊。上图为杜嘉班纳男装2010秋冬系列。

图 4.5　Threadless是一家专业的T恤生产公司，总部在美国。该公司邀请公众提交他们自己的设计，然后在公司的线上社区进行公开投票，被选中的印花设计则可以在网上出售。这就是一件T恤是如何不断适应时代发展的优秀案例。

T恤的兴起

第二次世界大战期间，美国军人都会配发一种叫T恤的背心，T恤因其形状而得名。战争结束后，各种各样的短袖军装T恤开始出现在军用品商店中销售。在电影中，一些好莱坞男明星也穿T恤，如20世纪50年代的马龙·白兰度（Marlon Brando）和詹姆斯·迪恩（James Dean）；60年代的保罗·纽曼（Paul Newman）和史蒂夫·麦奎因（Steve McQueen）等。多亏了好莱坞明星们，T恤才从以前的内衣转变为一件无处不在且象征男性青春和性感的衣服。

T恤，有时也叫“Tees”，一般在运动和休闲装市场上可以买到。白色T恤和基础款T恤是服装中的主打单品，跟牛仔裤一样，既经典又百搭。受时尚变换的影响，多年来根据个人需求，出现了包括印花、刺绣、凹凸印、扎染、贴花等工艺T恤。T恤常被某一个年龄段的男性群体偏爱或作为一种反主流文化的服饰，它可以代表一种特定的风格、运动、品牌或群体，也可以是个人借助服装和形象来表达自己某些观点的途径。因此，当人们在T恤上印上口号和吸引人的图像来表达某种政治主张，或将T恤当成一种旅游商品，用幽默的方式为某些公司做广告时，也就不足为奇了。

图 4.6　20世纪60年代，印花T恤广泛用于表达个人观点、发表广告和抗议、制作旅游纪念品等方面。今天，它们仍然被用来传播信息以及发展公益事业。例如，服装品牌Out of Print就将其公司利润的一定百分比用于推动某些服务不足的社区扫盲公益工作上。

牛仔布

牛仔布在男装历史上占据独特的地位。它超越了时尚变幻莫测的季节性，任由穿着者表达自己的美学风格。一条牛仔裤是当今大多数男士最常见但也是最私人的衣服了。

图 4.7　Nudie Jeans，一家总部位于瑞典的环保服装品牌。该公司生产的牛仔布使用有机棉并采用生态工艺进行纱线的纺织、染色和整理。

时尚偶像：马龙·白兰度

马龙·白兰度是美国演艺界的传奇人物和活跃分子，年轻时的他有着姣好的容貌和精湛的演技，演艺生涯长达50多年。他的一生不乏争议，在1951年的电影《欲望号街车》中，他因穿了一件紧身T恤被大众媒体戏称为性感的象征。1953年，他在电影《飞车党》中扮演了一个叛逆的机车手和帮派小头目，评论家对他的表演也是毁誉参半。但因他在剧中穿着了皮夹克和牛仔裤，大大提高了当时这两个服装单品的销售量。

牛仔裤简史

牛仔裤诞生于19世纪中叶加利福尼亚的淘金热，最初是以工作服的形式出现。据说，当时只有24岁的德国移民利维·施特劳斯（Levi Strauss）带着从他兄弟的店里弄来的少量纺织品，离开纽约前往旧金山，打算把这些布料卖给当地的淘金者。他的布料中有一些厚帆布，原本打算作为帐篷或马车车套来卖，但当淘金者表示想要购买一种结实又耐磨的裤装时，施特劳斯看到了商机，并立刻着手将他的帆布制成了一种高腰工装裤。这种新裤子受到矿工们的欢迎，但很容易磨伤皮肤，因此，施特劳斯将原来的帆布换成了一种法国产的斜纹棉布，并用靛蓝染成蓝色。这种耐磨的蓝色布料很快就成为大众所熟知的牛仔布，而那种高腰工装裤即是牛仔裤。

我常说我希望是我发明了牛仔裤：它给人一种最引人注目、最实用、最放松又最若无其事的感觉。它可以表达谦虚、性感和简洁——总之，所有我希望我的服装能表达的它都具备。

——伊夫·圣·洛朗（Yves Saint Laurent）

牛仔布的神话

人们很难用确凿的事实来解释有关牛仔裤的神话。加州淘金热之后，牛仔裤逐渐成为美国北方农民和蓝领工人的工作服。据说，20世纪30年代，一些美国东海岸城市的人到以前的“西部荒原”旅游归来时都会带一条牛仔裤作为旅游纪念。他们不仅推广了牛仔裤，而且助长了有关蓝色牛仔裤的神话，这些神话主要是关于牛仔裤与西部牛仔文化之间的联系。事实上，牛仔裤是19世纪90年代才被西部牛仔所接受的，但它们却似乎与西部牛仔文化的那种冒险和自由精神一脉相承。新型的牛仔裤由于其裁剪精致和款式多样，在20世纪40年代逐渐被美国大学生接受，至此，昔日的工作装开始呈现出年轻、阳刚与活力。20世纪50年代，当包括詹姆斯·迪恩、马龙·白兰度和埃尔维斯·普雷斯利（Elvis Presley）等影视音乐明星都开始穿着牛仔裤时，牛仔裤的时尚地位就此确立了。

全球现象

所谓“设计师品牌牛仔裤”的出现标志着牛仔布在全球的发展已经进入到一个新的阶段。男士的设计师品牌牛仔裤是在20世纪70年代出现的，虽然有很大的潜在市场，但毕竟代表了一种未知领域。当时男式牛仔裤市场的两难处境主要表现在：“设计师品牌”这一概念与牛仔裤最初作为一种反主流文化和年轻人自我表达的初衷是背道而驰的。但仅仅几年，街头风格迅速发展，从而引发了诸如破洞牛仔裤和褪色牛仔裤等个性定制的出现。为了应对这种情况，厂家就生产出了做旧的牛仔布销售给越来越讲究时尚的大众。结果，品牌牛仔裤就成为了现代都市的时尚。今天，优质牛仔品牌包括一些欧洲和日本的品牌，他们都提供包括裁剪、调整和后整理等一系列服务。

AG-ed Vintage的做旧牛仔裤

AG-ed Vintage牛仔裤是美国高端牛仔品牌AG Adriano Goldschmied旗下的产品，致力于创造出一个独特的牛仔裤系列，即具有老式牛仔的魅力和现代的廓型。由于采用了一种该公司称之为“AG-ed”的水洗技术，他们生产的牛仔裤呈现出一种穿旧的牛仔裤的样子。洗涤次数要根据顾客希望牛仔裤看上去像被穿过多少年的效果来设定。

时尚偶像：大卫·贝克汉姆

大卫·贝克汉姆（David Beckham）不仅是国际足球明星和英国体育大使，他同样以其迷人的相貌、产品代言、慈善工作和多样的着装风格而闻名。他是一名国际级的公众人物和时尚引领者，拥有一群忠实的粉丝。他的妻子维多利亚·贝克汉姆（Victoria Beckham）曾经是“辣妹组合”成员，现在是时尚设计师。贝克汉姆经常出现在时尚摄影中，其中包括为意大利时尚设计师乔治·阿玛尼的Emporio Armani品牌的男式内衣系列做的广告宣传。贝克汉姆还推出了他自己的香水系列，也时常出现在名人博客和国际时尚出版物中。

迪赛尔(Diesel)牛仔

迪赛尔是一个意大利服装品牌，成立于1978年，拥有大量的牛仔系列，已经成为重要的男士牛仔品牌之一。该品牌巧妙地通过面向年轻人的多媒体广告和相关的传媒渠道来表达其设计理念。迪赛尔牛仔以其高度的舒适性和修身合体性而著称，是最受顾客欢迎的品牌之一。

Earnest Sewn牛仔

Earnest Sewn 是一家致力于生产高端牛仔服的美国品牌。该品牌将牛仔的美国传统与日本传统的“侘寂”（Wabi-sabi）理念（即残缺美、朴素、谦逊和非传统）相结合。Earnest Sewn 的装配工艺很少是大规模生产的，更多的是强调手工技艺；他们想要给人提供一种“舒服”的外观，并确保每一条牛仔裤都是独一无二的，而这一点正是日本传统的“侘寂”理念的体现。

运动装的全球化

20世纪后半叶见证了运动装从只限于职业运动员穿着的服装向大众品牌服装的转变。

20世纪最后的几十年里，运动装对男装产生了革命性的影响。由于运动装与体能和健康密切相关，它们会吸引那些试图打破父辈或先辈着装风格限制的新一代。战后运动装的快速发展是伴随着几种现象同时发生的，即：青少年群体的崛起；贯穿整个欧洲和北美的以青年为主的大众文化；媒体影响力的上升；以及在体育、音乐、电影和电视等领域出现的大量新的男性大众偶像。

在20世纪60年代，阿迪达斯开始将其独特的运动服作为休闲服装来销售，这些运动服上装饰有品牌的三条纹logo。20世纪80年代的全民健身热中，运动装又被设计成宽松的“贝壳装”。 这些五颜六色、非常轻薄的尼龙质地的慢跑套装，最初是由知名品牌运动装公司制造并在专业运动员中推广，此时已成为主流男装。20世纪90年代，运动装因被各类大型零售商过度宣传和大量仿制而在时尚界逐渐失宠。与此同时，在快速发展的品牌运动装市场也出现了像耐克、锐步和阿迪达斯这样的新的运动装品牌。

当然，运动装不可能替代所有的男装风格，比如它对男士正装几乎没有实质性的影响，但它已经迅速发展成为男装中的一股强大力量。有人说，运动装不过是用一种新的千篇一律的着装方式成功替代了旧的千篇一律的着装方式，对此说法，社会学家和历史学家可能会有异议。确实，运动装因其发展和普及之快已经到了无处不在的地步，但其成功也不完全是社会和技术环境影响的结果。运动装的生产商和零售商都意识到，要想持续发展和成功，首先要在技术和有效的品牌宣传上投资。高调的品牌宣传和特色标志已经成为男性运动服饰中不可或缺的组成部分。没有品牌的经营和名声，运动装产品很难掌控价格或表明其在市场上的地位。男士运动装是一个竞争激烈、价值数十亿美元的全球化产业，任何一个品牌想要立足就必须在竞争中领先于自己的竞争对手一步。

戈尔特斯 (Gore-Tex®)面料

戈尔特斯是一种防水透气的多功能面料，于20世纪70年代末在美国开发和注册。戈尔特斯织物是该公司通过将其薄膜系统层压而成的高性能织物，通常在接缝处用防水贴密封，以防止侧漏，这样就可以提供100%的防水保护。该产品已经成功应用于与其合作的几家运动装品牌中，并且会延续其功能面料创新的传统，从而扩大男士运动装的选择范围。

图 4.8　旅游鞋和跑鞋是男士运动鞋类中最受欢迎的单品，运动和日常穿着皆可。

adidas

针织男装

针织品赋予了男装某些独一无二的特点。针织面料的线圈结构可能因纱线的类型、规格和张力的不同而差异巨大。与梭织面料不同的是，针织织物没有斜纹理，穿在身上时，感觉灵活多变且柔韧性强。尽管针织方面的技术有了很大的进步，包括使用电脑针织机编程来创造各种图案和形状，但针织服装的构思和制作过程仍是以手工或机器辅助进行，以创造出各种各样的纹理、图案和结构特点。对于一些设计师来说，针织服装的主要魅力在于它能够被设计和生产为一件立体的服装或服装的一部分，它们独特的手感、质地、结构、颜色和图案特别能适应人体的活动。

男装中的针织服装历史悠久，包括通常用于T恤和内衣的平纹针织面料，以及更为传统的可以称得上遗产的编织，它们是长期适应当地的需求、风俗和传统而发展起来的。阿兰编织（Aran Knit）和费尔岛编织（Fair Isle Knits）就是两个很典型的例子。费尔岛是一个位于苏格兰的偏远小岛，费尔岛编织源于该岛居民，它代表了一种延续至今的独特的传统，拥有极具特色的图案和色彩。当代的设计师从费尔岛编织中汲取灵感，然后稍加改变和升级就可以用于男装系列中。另外一个例子是阿兰编织，也是一种由位于爱尔兰西海岸的偏远岛屿居民生产的传统编织品。在那里，人们把粗的、未染色的纱线手工编织成结实的纹理图案，其中包括独特的斜格图案和绳编图案，至今仍被一些男装系列所采用。

针织装仍然是男装设计中充满活力并不断发展的一个领域，其在从设计概念到实物样品创作的整个过程中，一边传承工艺和传统，一边继续拥抱创新和技术进步。

图4.9 洛丽·斯泰特（Lori Stayte）设计的针织衫。

图4.10　琼尼·瓦德兰 (Jonny Wadland) 设计的针织衫。

图4.11　琼尼·瓦德兰设计的针织衫。

图4.12　亚历克斯·本尼柯瑞提斯（Alex Benekritis）设计的针织套装。

印花男装

印花主要跟图案和色彩有关，无论是用梭织还是针织面料，印花都能够为男装增加独特的属性和视觉效果。印花设计也会面临一些挑战，其中最重要的是需要根据功能或期望的效果设计印花的布局、比例和图案。印花设计可以用来连接或突出颜色，创建几何图案、对称效果、色块图案、视错觉效果，也可以增加某个图案的表现力。无论其目的如何，印花设计包括一系列的商业准备和精心制作的工艺过程技术，大致可分为丝网印花和数码印花。丝网印花是指使用一个或多个丝网进行分色以形成最终图案的一系列过程。虽然已经可以商业化操作，但一些丝网印花设计仍保留着独特的手工制作。丝网印花通常呈现出一种数码印花所不具备的纹理特质。男装中常见的丝网印花是在T恤上的印花图案，它们通常是以艺术插画或平面logo图案的形式印于T恤的正面。

数码印花是一种新型印花形式，但发展迅速，为男装设计提供了更多的选择。数码印花图案的品种更多，在印于选定的面料上之前，是以数字文件的形式在电脑屏幕上创建或保存的。数码印花因其即时性和多样性吸引了一些设计师。由于选择合适的油墨成本较高，数码印花并不便宜，但它却变得越来越商业化和复杂化。男装领域最受欢迎也最持久的印花应该是源自军装的迷彩印花。如今，男装设计师可以根据具体要求来选择或组合印花。他们或者通过公开的渠道购买，或者向专业的印花设计师定制，或者亲自设计一款独创的印花图案。

图 4.13　亚历克斯·本尼柯瑞提斯的男装展示。从衬衫的印花以及外套选用的厚重、防水面料来看，设计师深受少数民族部落风和军装风的影响。

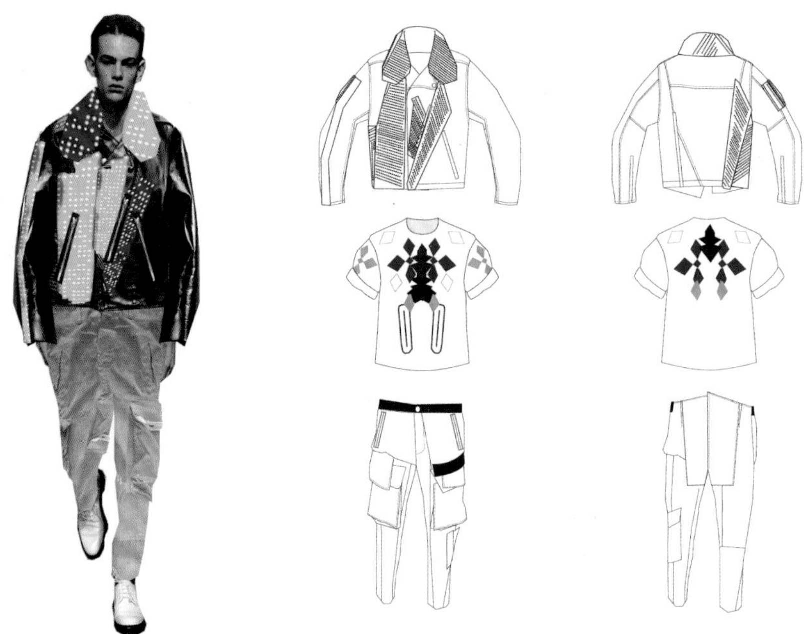

图4.14　亚历克斯·本尼柯瑞提斯的男装设计。

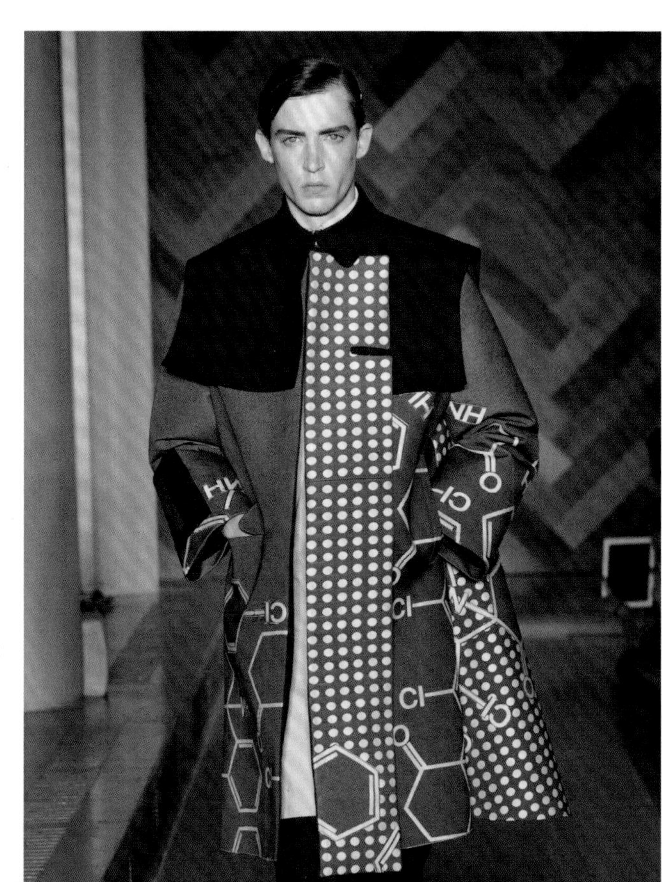

图 4.15　亚历克斯·本尼柯瑞提斯的男装展示，探索合成面料和天然面料的结合。

练习

运动装设计

引言

运动装已经成为当代男装的代名词。男式运动服与品牌文化和青年文化密切相关，它已经从功能性运动装和休闲装发展到代表日常休闲和青年文化。随着人造纤维（或合成纤维）的问世，运动装得到了进一步的发展。同时，运动装也影响了一代又一代的年轻人开始穿牛仔裤和高科技品牌，从而产生各种各样与音乐、叛逆和流行文化等相关的街头时尚风格。

目的

- 理解和领会在流行文化背景下的男士运动装的多样性。
- 在理解产品、性能和纤维技术的基础上设计运动装。
- 思考如何将印花和针织元素运用在男士运动装上。

讨论要点

- 讨论纤维技术对当代男士运动装的发展产生的影响。
- 评价运动装的发展过程及其吸引力，包括运动装被年轻消费者和国际大牌接受和采纳等。
- 以当代男装设计师为例，讨论运动装中印花和针织的应用。

实践活动

- 研究一件过去的男式运动装，然后将它改进以适应当代服装市场。你应该保留它主要的功能性元素，考虑现代的制造方法和装饰，并用平面结构图来展示你的设计。
- 选择一个适合男式运动装系列的主题，设计一组包括印花或针织的百搭单品。要从市场销售的角度来考虑你的设计，特别要关注色彩、质地和细节。完成包括平面结构图在内的设计图。
- 从牛仔布的多功能和传奇中获取灵感，设计一款男装。
- 用主题研究的方法来创建你的设计视觉板，包括面料、装饰以及诸如针脚、印花和染色等的表面处理。

人物专访

Man of the World创办人艾伦·马雷赫

时尚企业家艾伦·马雷赫（Alan Maleh）是*Man of the World*的创办人和出版商。*Man of the World*是一个主营男士奢华生活方式的杂志和零售店，致力于让当今全球的富裕消费者享受和体验各个领域里最优秀的产品。他最新的一个项目是在纽约的威廉斯堡开了首家“Man of the World”的实体概念店。

您为什么开创“Man of the World”？

我三年前开始创业，因为我发现在男士高端市场存在空白，无论是在男装、媒体、还是男士奢侈品领域。当然，没有人直接跟我谈这些，是我想跟他们这些高端顾客沟通，把精品中的精品展示给他们。从手表一直到时装、旅游、汽车，我们的目的就是要服务那些富有的客户，免去他们自己花时间上网搜索最好的酒吧装备或桌面上的装饰品之类的麻烦。我们的目的是找到这些精品然后直接提供给我们的客户。

您如何描述“Man of the World”的顾客?

“Man of the World”的顾客包括几种不同的类型：绅士、放荡不羁的文人、运动员。这就是我们的顾客，因此我们进货必须考虑他们的需求。也就是说，我们要与不同类型的男士打交道，我们要满足他们不同的需求。我们会为我们的顾客提供最好的手表、家具、服装、装饰品，以及他们想要的任何其他的东西。总之，我们的顾客喜欢生活中一切美好的东西，他们很享受我们“Man of the World”实体店给他们提供的服务。

说说你们店的稀缺商品或古董级商品吧。

我们会在网上提供不同种类的稀缺品或古董级的物品。目前，我自己最喜欢的包括一件由本与亚布兰克工作室（Ben & Aja Blanc Studio）制作的青铜长颈长尾恐龙；一辆玩具火车，有四节车厢，车厢里有吧台和可用的照明灯；一个表盘标有“秘鲁空军”字样的劳力士迪通拿手表；一件柯蒂斯·杰尔（Curtis Jeré）做的雕塑作品“网球场”；墙雕和老式的六方绿松石袖扣。

谈谈你们的线上杂志吧。

目前我们在网上提供*Man of the World*杂志的电子版。我们还出版一种季刊杂志，主要展示和记载在风格、休闲、美食、艺术、设计和文化等多个领域出现的独一无二的人、地方和事情。我们的目的是为人们提供极具传统底蕴的、独特的现代豪华生活理念，重点关注独特的物件、意想不到的目的地和经久不衰的设计。

您对于企业的未来有何打算?

我们会继续填补面向男士的市场空白，继续制作一本在这个行业中无与伦比的杂志。我们还计划以多种方式与众多知名品牌合作，尤其是那些寻求男装市场专业知识的知名品牌。在过去的一年里，我们的礼宾会员业务一直在稳步增长。我们计划通过社交媒体和直接接触我们的客户来扩大我们的影响力。希望我们在布鲁克林的实体店生意更加兴隆。

第5章 男装的设计流程

男装的设计流程包括一系列与之相关的关键过程和功能。尽管设计过程的每一步都很重要，但正是各个步骤共同作用的结果才促成了原型设计的从概念到实现。本章通过展示各类图片和案例，介绍影响和促进男装设计的一系列关键流程和实践过程。在整个设计的流程中，无论是在最初的设计构思，还是之后通过批判性反思对设计理念进行反复验证和确认的过程中，以及在生产原型产品并最终得到第一个样品的创造性过程中，速写簿的功用都不容忽视。

> 男人就应该看上去是用智慧购买服装一样，仔细穿上这些服装，然后把这些全忘掉。
>
> ——赫迪·雅曼爵士
> （Sir Hardy Amies）

◀图5.1 丽贝卡·尼尔森（Rebecca Neilson）的男装设计图。

速写簿的使用

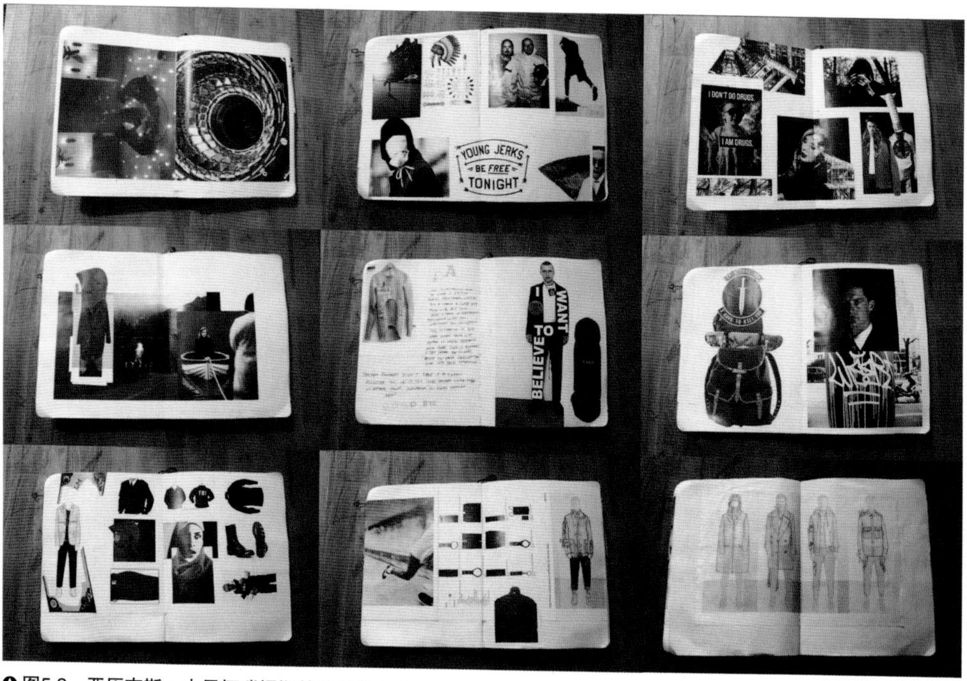

▲图5.2 亚历克斯·本尼柯瑞提斯的速写簿样张。

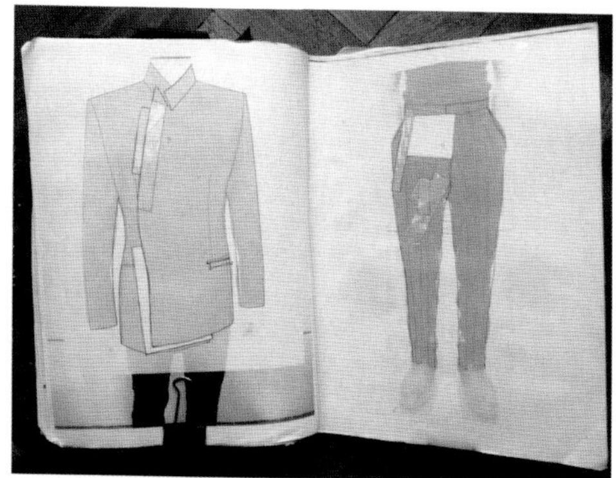

▲图5.3 亚历克斯·本尼柯瑞提斯的设计调研草图。

对于男装设计师来说，速写簿应该是一个很有价值的工具和资源，而且对每个设计师来说，速写簿都是独一无二的。尽管速写簿的格式可能不同，但保持更新速写簿的主要目的都是使设计师能够记录和收集设计思路，包括记录与探索、动机、目的等相关的灵感和想法。因此，允许设计草图的自然发展和演变很重要，不过度编辑也不把它限制在某一个系列展示中。这样速写簿才能真正帮助男装设计师去探索设计想法并将其视觉化。也许速写簿的最重要的功能就是允许设计师在最后选择设计理念和方案之前能够随时停下来进行批判性反思。通过这种方式，一本有效的速写簿可以让设计师在一段时间内集中精力并清晰地表达他们的想法，从而提供一个关于设计师真实自然想法的记录。速写簿可以包括各种内容，如利用不同材料画的各种原始草图，以及收集到的图像或实物样品，如织物小样或装饰、个人笔记或者书面词条等。有注解的笔记会大大提高一本速写簿的价值和认可度，这不仅可以帮助老师评价学生的作品，也有助于学生或设计师回顾或反思自己的进步和设计旅程。

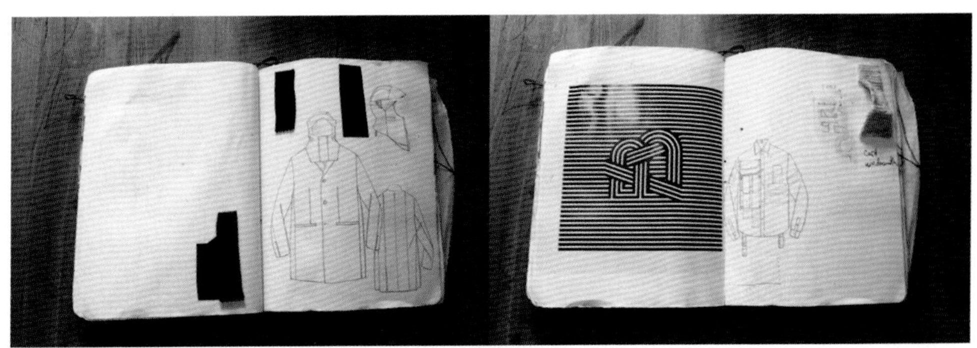

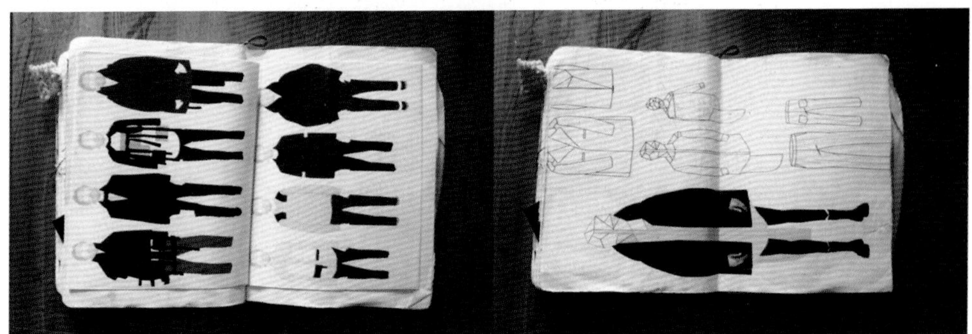

图5.4　亚历克斯·本尼柯瑞提斯的设计调研草图。

在男装设计中，一个有效的速写簿可能包括针对选定的某个主题（如军事题材）或者某种服装功能进行探索，从而进一步对廓型、比例、细节、裁剪进行分析。对于男装设计师来说，速写簿的独特性在于它可以记录他们在工作室进行设计实践的整个过程，可能包括在样衣间用白坯布制作一件样衣的设计过程，以及对正在进行的设计的某些方面进行批判性反思的过程。这个过程非常有意义，可以为设计师的设计想法、动机增加活力和目的。

图5.5　约翰·莫里亚蒂（John Moriarty）的设计草图。

> 你可以从任何事情中获得灵感。如果你做不到，只能说明你没有认真观察。
>
> ——保罗·史密斯爵士
>
> （Sir Paul Smith）

面料研究

适合男装设计的面料

了解面料是好的设计的关键。如今，多种多样的面料和后整理技术非常有助于激发和促进男装的创新设计。选择合适的面料成为设计过程的关键。

选择男装的面料时应当问自己几个问题：

- 这种面料手感如何？
- 这种面料适合做什么？
- 该面料是用天然纤维、人造纤维或混纺纤维制成的？因为纤维含量将决定织物的性能。
- 该面料适合水洗还是干洗？
- 该面料的悬垂感如何？
- 该面料应该如何缝制？
- 该面料是否缩水、是否易磨损、是否有弹性？
- 该面料是否经过后处理并达到某种性能规范？如果是，那在使用该面料时需注意什么？因为某些后处理技术可能有助于提高织物的性能，但在缝制和织物整理方面有特殊要求。因此，一旦决定选用某种面料，就要更详细地考虑以下各方面的内容。

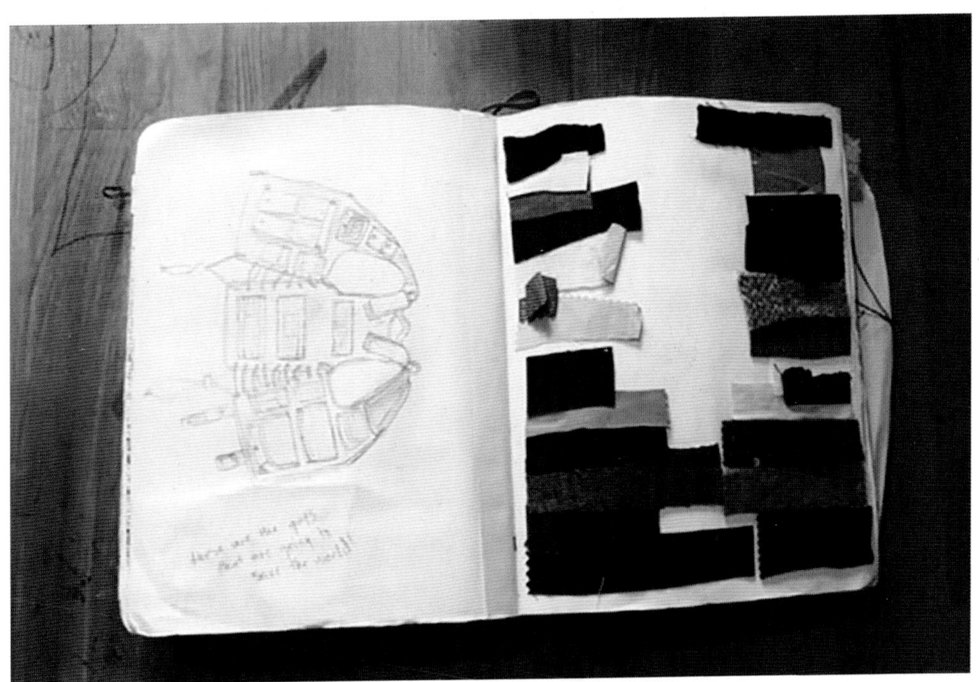

图5.6　亚历克斯·本尼柯瑞提斯附有备选面料小样的设计调研草图。

图5.7　了解织物和关注细节是男装设计的基本要求。

织造方法

织物的织造结构决定了它的垂悬特性和缝纫方法。因此了解织物的主要织造结构，包括平纹、斜纹、人字纹、席纹、小提花组织等，对提高对织物的认识非常重要。

首先要从观察和辨认织物的正反面做起。通常可以通过观察织物的织边来决定。有些织物的两面都进行过处理因此可以归类为“双面织物”，而另一些织物的正反两面差别明显。机织物为男性提供了更为广泛的选择范围，这一点与针织物（如平纹针织品）是不同的。

质感

了解织物的质感要用手去感受织物，因此可以说选择织物是一种触觉体验。该面料是否有绒毛？如果有，那么只能将它作为单向织物来裁剪。如果面料有图案或者条纹也会影响你如何搭配和裁剪面料。

重量

如果你打算使用某种面料，最好拿一块大小合适的面料感受一下它的轻重，并了解它的垂悬感。了解面料的轻重也是设计过程中非常有用的一部分。

幅宽

购买或裁剪一块面料之前，一定要确认你所选的面料的幅宽，否则，设计的时候就会发现面料不是买太多了就是不够用。面料的幅宽大小不等，有90cm(36英寸)的衬衫面料，也有150cm（58~60英寸）的西服面料，而有些里料只有窄幅的。

整理

个别织物可能会需要用到一些整理工艺，如防雨、疏水、拉绒，上浆、预收缩等。不同的整理工艺会对织物的耐磨性和手感产生很大的影响，因此在最终使用之前，应该通过样衣间或制造车间进行测试。

色彩

一定要在自然光线下观察和比较面料的色彩。选择何种颜色或色调的面料总的来说是件很个性的事情。颜色的选择也是设计的关键因素，它将对最终的设计产生决定性的影响，同时也需要考虑色彩的搭配。

价格

面料的价格应结合成本核算和市场需求来考虑，尤其是针对某一群体或目标客户的设计。建议男装设计专业的学生要通过观察相互竞争的零售商和批发商来对比同类品质商品的价格。购买不必要的昂贵面料没有任何意义，重要的是要保证单品或系列产品的面料品质标准一致。

色彩应用

色彩也许是男装设计中最直观的元素了。色彩的选择之所以在设计过程中很关键，主要是因为没有任何一种其他的元素会像色彩那样影响一件服装的外观。想象一下同一款衣服，一件黑色，一件红色。尽管两件衣服的裁剪可能完全一样，但仅仅因为色彩各异，看起来就非常不同。由于充满活力的运动装和个性十足的街头风格的发展，以及印染技术方面的进步，如今的男装设计师有了更多的选择余地，但在男装设计中色彩的选择仍然需要一些思考和技巧。虽然有些设计师可能会从色彩中获得启发，但大多数设计师会将他们的色彩创意放到色彩或灵感板上，然后根据选定的设计主题或季节来确定色彩。这样，男装设计师就可以开始用图画和色彩来表达自己的设计创意，并创建自己的**调色板**。根据面料的色调和纹理来考虑色彩也很重要。例如，一个整体看上去是黑色的服装系列可能会因为面料不同的纹理属性（如选择亚光面料或亮光面料）呈现微妙的变化和非常醒目的效果。另一些通常应用于男装设计的色彩效果包括**撞色**、**重点色**，以及各种各样的彩色机织图案和印花等，这些都是可供当代男装设计师选择的色彩元素。

- **调色板**——指在一个设计或一个设计主题范围内选择的识别度较高的一组色彩。
- **撞色**——指在设计中应用几种纯色色块来达到某种视觉冲击的效果。
- **重点色**——指在设计中想要强调的一种或几种色彩。一般来说，重点色应跟周围环境形成鲜明的对照。

图5.8　索菲·布劳斯(Sophie Burrowes)的配色板。

▲图 5.9　亚历克斯·本尼柯瑞提斯的草图簿。

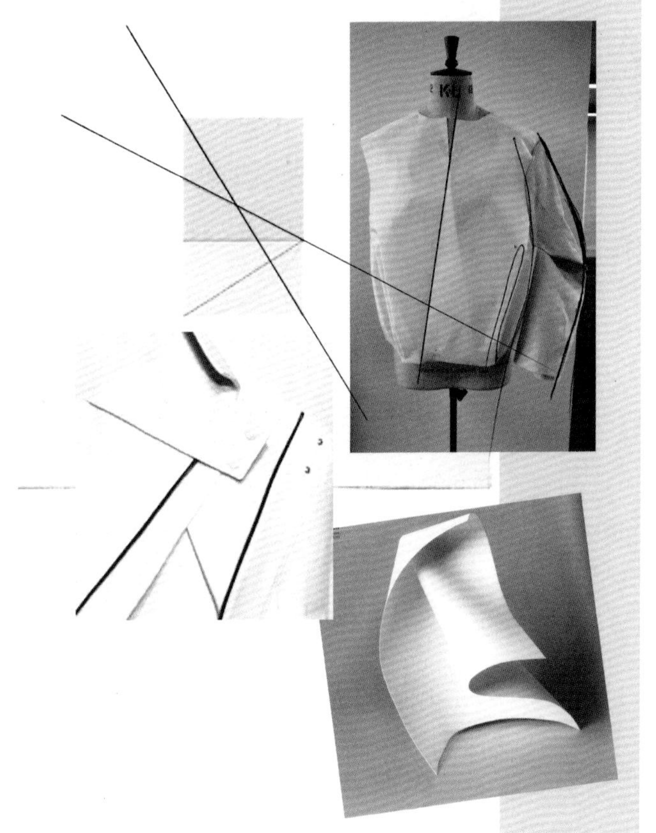

▶图5.10　瑞秋·詹姆斯用亚麻坯布制作样衣。

装饰配件

男装设计中的装饰配件泛指出于功能性或装饰效果考虑附加在服装上的各种成分。装饰配件可以赋予一件衣服与众不同的特性，以细节定义服装。男装装饰配件包括纽扣、拉链、穗带、垫肩和内衬等，选对装饰配件对于最终的设计影响巨大。男装的装饰配件，与服装的其他方面一样，往往被当成一件衣服品质的象征，因此考虑和应用时要格外当心。例如男装设计中的纽扣和内衬，根据不同的外观效果要求，可能兼具功能性和装饰性。一些功能性的装饰，如在服装中加入镶边和衬布，主要是为了支撑或突显服装的廓型。功能性的装饰尽管在最后的服装成品中看不到，但它们应该被视为设计过程中的一部分，并且要在坯布上进行尝试。谨记：高品质的装饰配件可以大大提高一件服装的品质，而劣质的装饰配件则会起到相反的作用。因此，装饰配件的选择和应用应该成为设计过程中必不可少的一部分。

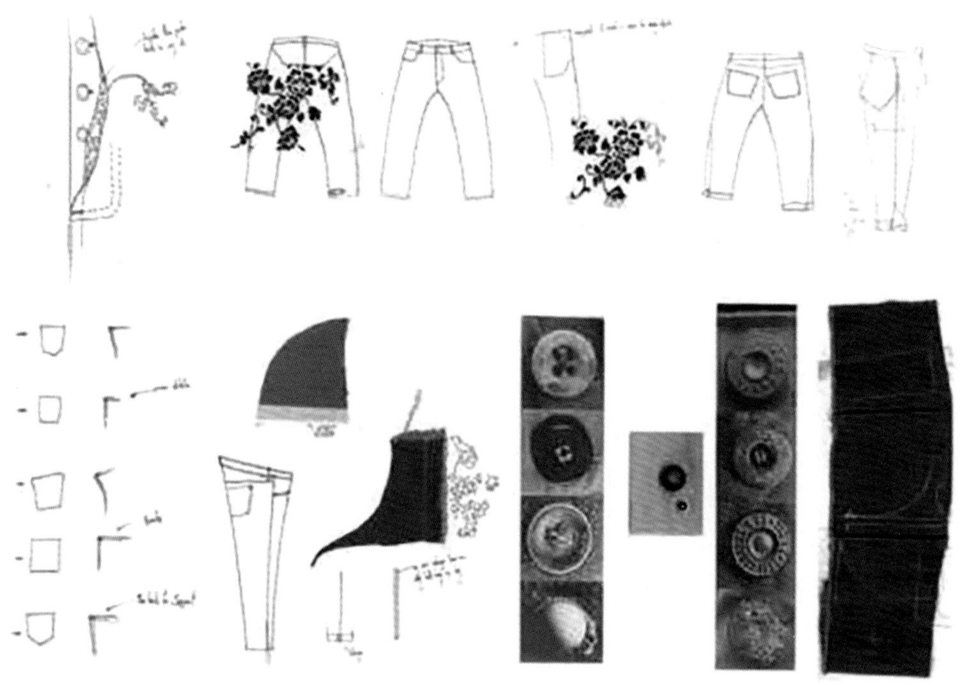

图 5.11　约翰·莫里亚蒂的男装设计细节和装饰配件。

配饰

人们经常说“配饰成就一个人”。从男装设计的角度来看，服装配饰可以使一个设计系列在风格和造型方面更加完整和有意义，而且某些配饰品本身可能就是让人特别想要拥有的东西。男装配饰品代表男装非常特别的一部分，主要与品牌和传统相关。历史上，男装的配饰品往往表明他的社会地位和阶层。配饰的这种功能仍然适用于今天，男装配饰品还是男装商业中很重要的一部分，能使一套男装系列的“外观”更加完美。有时候配饰品可以给设计师带来灵感，并且对创建灵感板（Inspiration Board）或者随后的系列设计都有帮助。

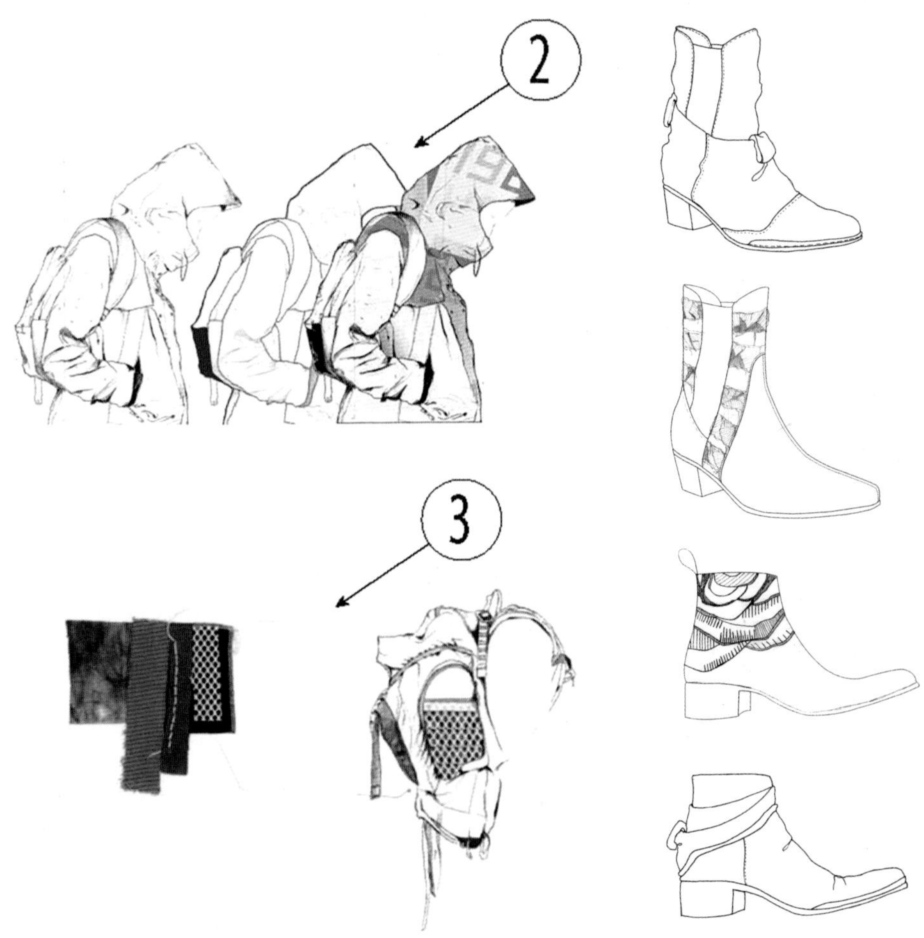

图 5.12　约翰·莫里亚蒂的服装配饰设计图。

图 5.13　洛丽·斯泰特的鞋品设计图。

坯布样衣

坯布样衣是指将设计图纸用一种棉质坯布展示出来的模型服装。虽然可以按照设计图在人台上直接进行立裁，但在男装设计中，尤其是运动装中，更常见的做法是按照平面设计图用平裁的方法制作一件坯布样衣。因此，当设计从纸样变为坯布样衣，其主要用途是对设计进行评估。坯布样衣是设计发展过程中非常关键的一部分，用来测试和确保一款设计的完整性。因为每一件坯布样衣都代表一种设计的“未完成”状态，因此设计师为了精确，可能对坯布样衣反复审查，也可能在最终确定面料前对样衣和纸样进行进一步修改。这样，在最终样衣通过和真正样品制作之前，做坯布样衣也是一种非常划算的检查和修改设计错误的方式。制作坯布样衣可以被看作是技术和创意过程的一部分，并且可以帮助设计师解决与服装的裁剪、合身和整体风格有关的任何问题。应该时常鼓励男装设计专业的学生将记录坯布样衣的制作过程作为设计发展过程的一部分，并且在他们的设计草图簿里要将视觉分析和批判性反思包括进去。这样，每一件坯布样衣实际上就是一位设计师的设计思路和个人成长过程的独特描述。

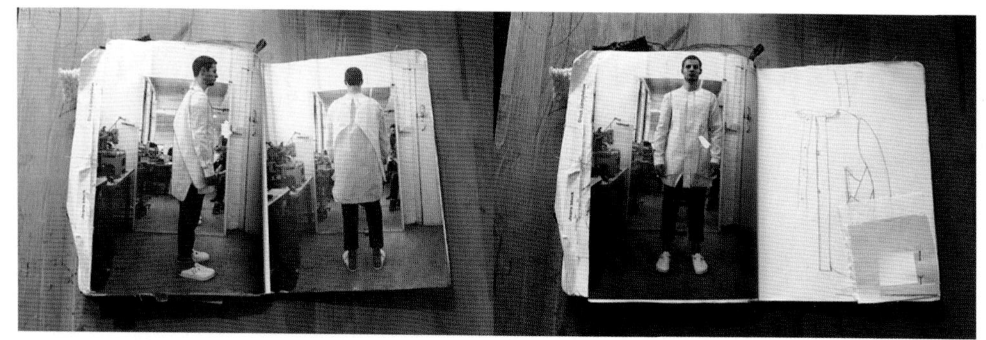

▲图 5.14　把照片作为设计草图的一部分也是个不错的主意，因为这样你可以记录服装最终形成的整个过程。本图展示的例子来自亚历克斯・本尼柯瑞提斯的设计草图簿。

系列作品设计

男装设计中的“系列”(Collection)一词是指以一种特定方式相互关联的一组服装或套装，可以包括也可以不包括配饰品。严格说来，每个系列都由一组属于同一主题或同一季节的服装组成。“种”(Range)或“类”(Line)指的是更具体的一组服装，如一组夹克或衬衫。这种将不同设计连接成一个“系列”或“种类”的目的是为了创造一种引人入胜的视觉效果，再加上清晰一致的设计主题，必然会吸引市场或顾客群。在开展一个设计系列的过程中，设计师起关键作用，但该系列最后的成功也需要各个部门的通力合作，包括生产、销售和采购。为了通过视觉的方式展示一个系列的形象，设计师通常会用模特试穿服装，然后拍照制成该系列的“搭配图册”。男装设计专业的学生会采用比较小的胶囊系列设计图来展示他们的设计想法，同时也会制作一个包含效果图和款式图的作品集。效果图主要展示他们的设计系列穿在人身上的样子；款式图则需提供每款服装更多的工艺信息（包括款式号、面料成分、颜色、尺寸、价格等）。

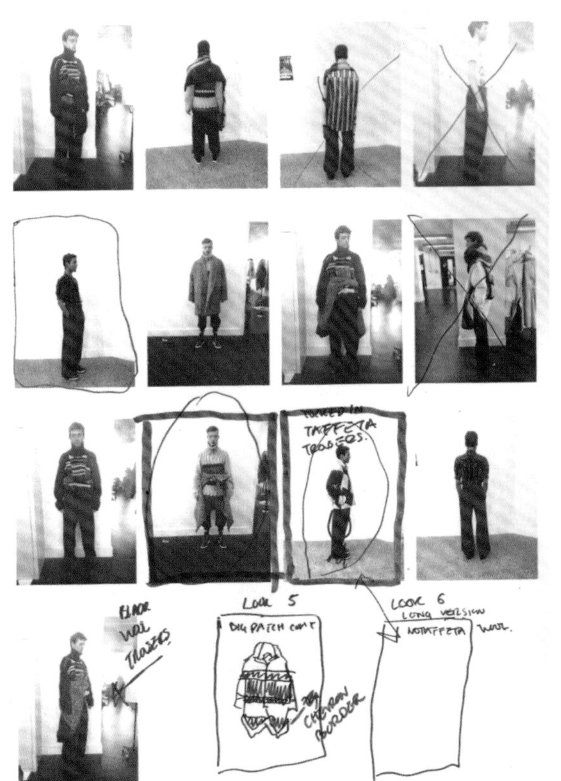

◀图5.15　洛丽·斯泰特用拍照片的方式来帮助她判断哪些服装适合这套设计系列，哪些不适合。

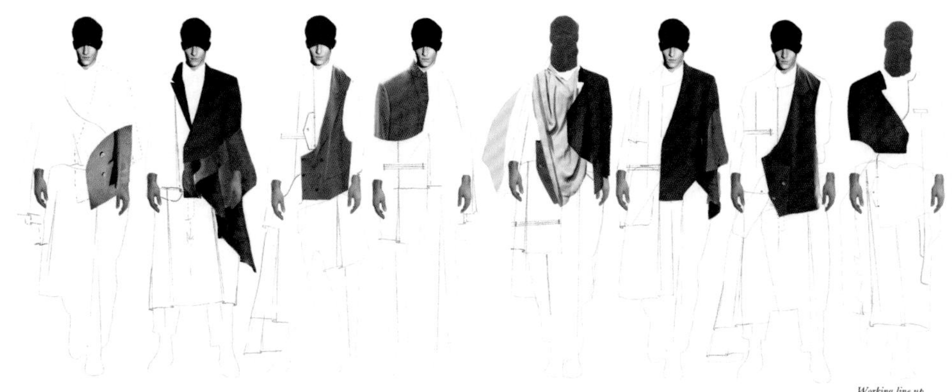

◐图 5.16　丹・普拉萨德的原型设计进展图。

◐图5.17　丹・普拉萨德的原型设计进展图。

首件样衣

首件样衣是指设计师已同意列入一个系列中的一件或一套服装。一般来说，样衣是由打样工或者大学学设计的学生制作的，被设计师选中之后就会加入样本展示作品中。第一件样衣的生产标志着一系列设计和品质控制过程的完成，整个过程的监督和最终管理都要求男装设计师负责。由于男装设计仍然牵涉到许多工艺流程，因此要求大多数男装设计师即使不是很精通工艺，也必须非常了解这一系列的工艺流程。尤其是对男装至关重要的缝纫环节，设计师应该能够评估和了解一件服装的基本结构，包括面料的选择、配饰、裁剪和合身。进行系列设计的设计师还应该考虑如何对一个系列进行批判性的甄选和营销，以保证该系列整体结构的一致性和完善性。有时，可能要根据买手和媒体的反馈来最终确定一个系列的样品并投入生产。时装秀为男装设计师提供了一个平台，让他们向应邀的观众展示自己的作品，当然，日益发达的数字技术和社交媒体正在进一步扩大时装秀活动的范围。

图5.18　丹·普拉萨德设计的现代成衣作品。

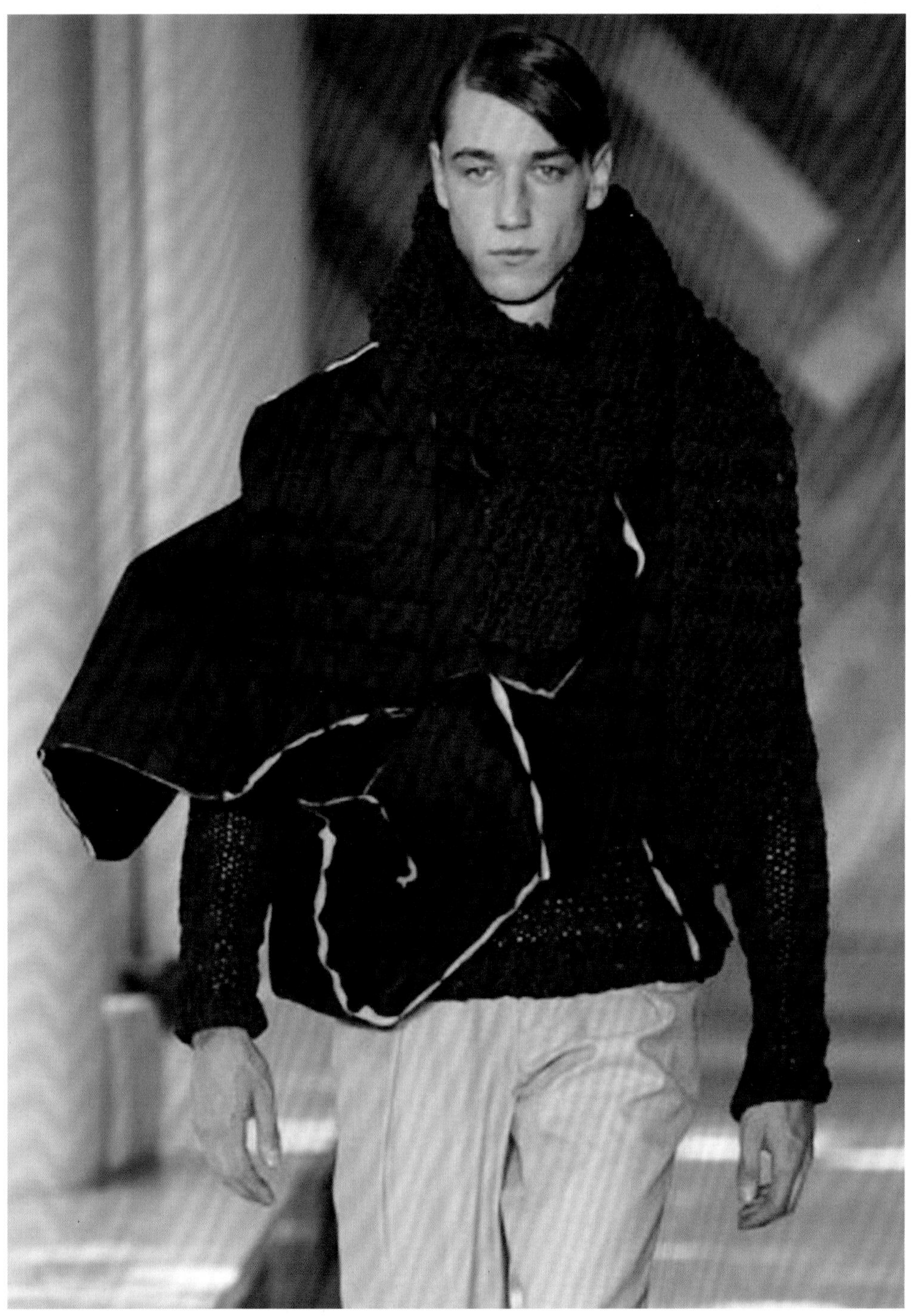

图5.19　亚历克斯·本尼柯瑞提斯的男装展示。

练习

设计理念的实现

引言

理解从概念到实现的过程是男装设计中很必要的一部分。男装设计师最重要的工具是速写簿。一本实用的速写簿可以使设计师在设计的过程中记录他个人的足迹。虽然大多数男装设计师都会用坯布进行设计，但对于每一位设计师来说，这种体验仍然是很个性化的，并且可能会产生一些意想不到的有利于提升男装设计的结果。

目的

- 领会设计工作中使用速写簿的价值和目的。
- 理解从设计想法到试验，再到完成原型样衣设计的关键路径。
- 将面料和色彩作为设计过程的基本因素来考虑。

讨论要点

- 讨论使用速写簿进行设计研究和将设计草图转化为坯布样衣之间的关系。
- 确定你认为适合一个男装系列设计的六种面料。讨论每种面料的特点，包括手感、缝纫特点和最终用途。
- 参照一个当代男装系列，对该系列的商品搭配进行批判性评价。主要从产品的种类、面料和色彩方面进行思考。

实践活动

- 参观几家面料店，选择6~10种你可能会用在一个男装系列中的样布。用你选择的面料创作面料板和配色板，然后设计一个男装胶囊系列，包括你所有设计的前后视图。
- 从你的速写簿中选择一个设计图，并将其转换为成衣样品。记录你用坯布尝试设计样品的过程。必要的话，你可以对照你的草图对样衣进行不断地调整。
- 参观几家服装辅料店，选择一些你认为可能用于男装设计的辅料。根据你选择的辅料，在速写簿上画一个系列的设计草图，重点要考虑男装的一些功能性细节，如门襟、口袋和纽扣等。

人物专访

男装设计师娄·达尔顿

娄·达尔顿（Lou Dalton）是英国著名的男装设计师，是英国时装协会和NEW GEN MAN双项大奖得主。她经常在伦敦时装周的男装展中展示她的男装系列。她用其独特的审美展示了当代古典主义风格（或者称新古典主义风格），她设计的服装做工精良、耐人寻味。

请您谈谈自己目前的工作和职业规划。

我是娄·达尔顿男装的创意总监。我16岁离开学校去给一个定制裁缝当学徒。三年的学徒生涯让我获益匪浅，但如果要实现成为一名男装设计师的长期目标，我需要重新回到学校接受教育。我学了时装设计，然后又申请到皇家艺术学院攻读男装设计的硕士学位。1998年从皇家艺术学院毕业之后，我到意大利博洛尼亚的亚历桑德罗·彭盖蒂（Alessandro Pungetti）设计室工作。该设计室为许多意大利服装设计公司提供设计系列，我个人主要负责为斯通岛（Stone Island）、克鲁恰尼（Cruciani）和冰山（Iceberg）三个公司提供设计系列。

一年后，我又回到伦敦为不同的设计公司工作。2005年我开始有了想要创建自己的男装设计系列的想法。Lou Dalton于2008年底成立，此后的发展越来越好，受到媒体、英国时装协会，最重要的是零售商的大力支持。

您是从哪获得设计灵感的？

跟大多数设计师一样，我的设计灵感来自任何地方，可能来自一本书、一个展览、一次度假，甚至是在一个古董店的发现。2010年的秋冬系列灵感就来自一次到斯凯岛（Isle of Skye）的家庭度假。当时我完全被这个地方迷住了，灵感爆发。2011年的春夏系列，灵感来自于游牧的生活方式，以及《呼啸山庄》中希斯克利夫的动荡生活，因为他一开始是个吉普赛流浪儿……

您是如何不断更新自己的设计系列的？

男装其实不必每季度都重新设计，因为你能感受到你的顾客想要什么。我尽量使两个季度的设计间有某种联系，尽管有时这种联系是模糊的。因此，我主要考虑的问题，是它们之间有关联吗？同时，设计师还必须具备商业头脑，要确保一个系列中的每件单品既相互独立又能彼此和谐搭配。只需要重新选择面料和纱线，立刻就能升级一个系列，没必要把前一个系列卖得挺好的裤子进行重新设计。当然，为了吸引你的顾客群的支持，时常增加一些新的设计也是很重要的。

▲图5.20 娄·达尔顿在伦敦时装周男装展上展示的2015春夏系列。

第6章

男装展示

如今，可供男装设计师选择的展示其作品的方式越来越多且发展迅速。许多男装设计师，除了创作和升级有形的艺术作品集之外，还需要保留电子版作品集，并且要在使用计算机辅助设计（CAD）程序方面非常熟练。随着社交媒体的兴起和发展，男装设计师也通过网络、博客和应用程序与观众交流。本章通过展示各类图片和案例，总结了男装展示的主要方法，包括传统的媒介展示和数字化的展示模式。

人们对一个设计有三种反应——肯定、否定和惊讶！而令人惊讶正是我们追求的目标。

——米尔顿·格拉泽
（Milton Glaser）

◁图6.1　洪胜元（Seung Won Hong）的数字绘画。

男装时装画

对于一名男装设计师来说，能够把自己的设计表达出来非常重要，有时需要采用画时装画的方式。尽管每个人的表达方法和选择的绘画媒介可能不同，但都需要考虑每幅画的目的和你想要传达或记录的“外观”是什么。一方面要考虑现代趋势和客户概况来吸引目标市场，但也需要注入设计师的个性。总之，能够用绘画的方式把自己的设计想法表达出来至关重要，这是设计的基础。设计一件衣服需要了解衣服的裁剪和结构，但要把这件衣服穿在模特身上再画出来则需要对线条、比例的理解和把握。在具象绘画中，线条代表人物的连贯的运动，这样的时装画作品不仅可信，而且能够传达一种态度以吸引观众的注意力。包括男装时装画在内的时装画通常都是程式化的，不过对于男装时装画来说，男子的比例通常比女子更写实。与女装时装画一样，男装时装画也会强调身材的优点，因此一般会突出男子的前胸和肩部来表现力量与健康，而臀部则会收窄。男子身体的姿势也不会像女子时装画里的那样夸张。这种对男子理想身材的偏好有时可以从时装秀的男模形象上看到，包括他们的头发和梳妆打扮。因此，基于男装设计背景下的男士时装画是一种给设计师留有个性表达空间且不断演变的当代实践。

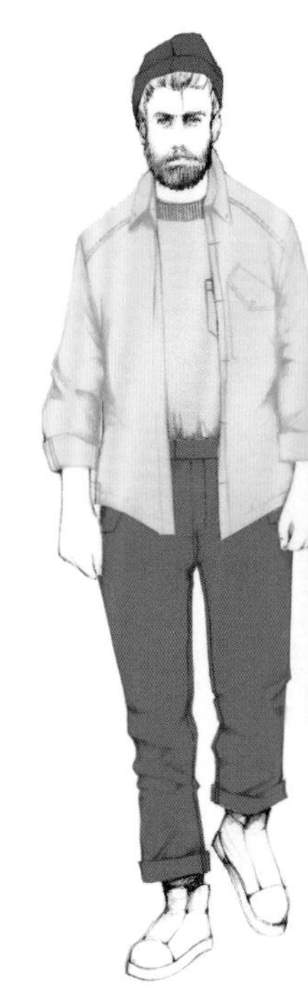

图6.2　丽贝卡·尼尔森的一组男装设计效果图。

▲图6.3　丽贝卡·尼尔森的男装时装画。

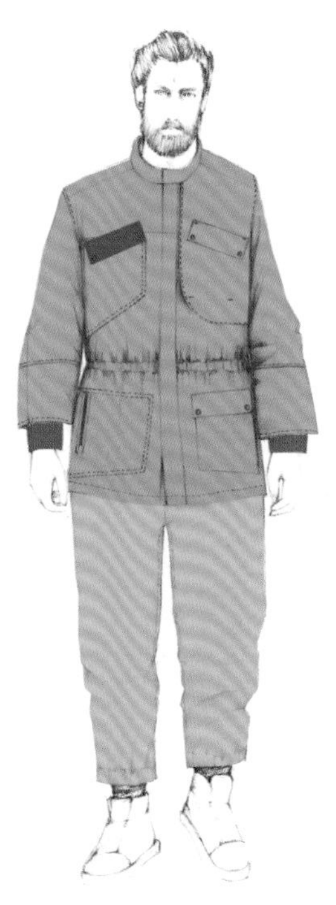

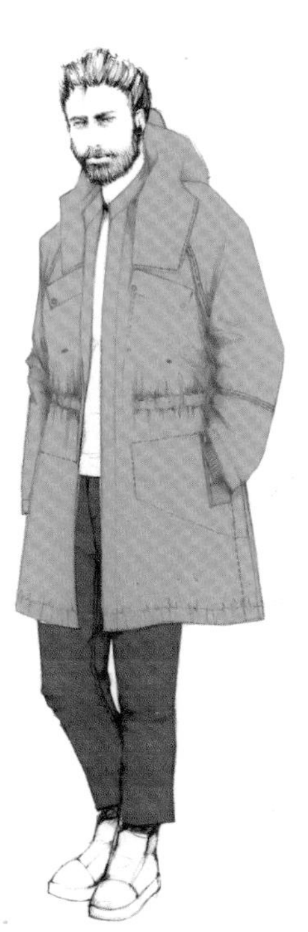

男模

跟所有时装设计一样，男装对于理想主义的追求是一个不变的主题。通过商业广告、新闻媒体以及越来越多的社交媒体刻画出的视觉图像在不断地固化所谓的理想男性和男子气概，这些对男装设计以及设计师选择什么样的男模来展示他们的作品都产生了巨大的影响。虽然并没有一种特定的方法可以通过设计作品的展示来定义男装的“外观”，但一般来说，服装的风格，包括其想要表达的功能和态度，决定了男模的体型、姿势和整体“外观”。 因此，展示男式运动装时，就需要一位具有健康的、运动员体魄的男模，从而传达一种积极的生活方式或对运动的兴趣。相反，给时装画里的男模加一副眼镜则很可能传达出一种有学问和有思想的知识分子的感觉，适合表现定制服装，而穿上格子衬衫和斜纹布裤子则可以表现出大学预科生的风貌。

胡须可以改变一个人的整体形象，尤其是再配上长发或短发效果会非常不同。可以这样说，男模的胡须既可能是设计师个人的偏好，也可能代表某个时期的时尚。长发一般会给人一种粗犷的感觉，比较适合户外服装，或者表现一种更叛逆的外观；而寸头可能会传达出坚韧的感觉或都市街头风，如果再加上文身或打孔，可能会进一步加强这种感觉。像大卫·贝克汉姆和尼克·伍斯特（Nick Wooster）这样的现代时尚偶像不仅影响了男装设计，也是男装设计的灵感来源，同样也会影响时装画和时装插画等男装展示领域。

图6.4　琼尼·瓦德兰的时装画。

拼贴艺术

拼贴画是一种非常流行的艺术展示形式。拼贴（Collage）一词来源于法语的“Coller”，意思是“粘贴”，作为一种艺术方法，泛指将一系列不同的元素和形式集合在一起的展示手法。一幅拼贴画可能包括从杂志上找到的各种图片和胶带、纽扣、线绳等实物，并将它们放在一起。每一种元素都要用胶水或其他黏合剂固定在纸上或图纸表面，结果可能是意想不到且极具视觉吸引力的图形。拼贴艺术在时尚设计和男装设计的学生中非常流行，有助于他们创作非常有创意和实验性的艺术作品。拼贴画在20世纪曾被许多艺术家广泛使用，最著名的有像理查德·汉密尔顿（Richard Hamilton）和罗伯特·罗森伯格（Robert Rauschenberg）这样的波普艺术家，他们意识到了拼贴画的视觉冲击力和直观性。拼贴艺术主要依赖于将各种不同元素并置在一起来构成一个新的作品，该作品可以超越纯粹的视觉表现或现实意义，从而传递出一种艺术美感。因此，男装设计师可以利用拼贴艺术在速写簿上不断尝试其设计想法，如对比例进行实验，也可以用这种方法不断完善其设计展示板或最终的设计图。

◀▲图6.5 a~b 两幅非常简单却有效的拼贴作品。

男装CAD

CAD是计算机辅助设计（Computer Aided Design）的英文首字母缩略词，通常应用于包括男装在内的时尚界使用的各种计算机程序。由于CAD与产品、功能和细节密切相关，所以男装设计师需要了解服装设计的许多技术知识，特别是在裁剪和结构方面。熟练掌握了有关服装设计方面的CAD技术之后，男装设计师就可以从实用性和审美性两方面来进行设计。通常他们会使用计算机程序绘制每件衣服的平面图。尽管可供设计师和商业设计公司使用的软件有很多种，但最常用的一款是叫作Adobe Illustrator的绘图软件，这是一种矢量绘图程序，大学里一般都会开这门课。因此，为了满足大多数商业机构的要求，男装设计师都应该在使用绘图软件或矢量图形程序方面达到一定水平。矢量图形程序主要是为线性艺术开发设计的，所以在制作平面图以及相关技术结构图或服装规格图等方面非常有用。此外，Adobe Illustrator与Adobe Photoshop兼容，后者是一个光栅图形或位图图像编辑程序，两个程序一起使用可以提高图片的展示效果。

图6.6 约翰·莫里亚蒂的男装CAD效果图。

能够用数字化的方式编辑、排版、控制和增强演示效果已成为许多男装设计师公认的技能。由于在集成矢量图和光栅图像程序方面的技术进步，计算机技术的应用范围还在扩大。CAD在男装中的广泛应用，部分原因应该归功于现在对设计系列和产品种类的展示要求越来越准确和清楚。其结果也导致了像Adobe InDesign这样的数字设计程序的应用。这些程序允许设计者将矢量图和位图文件排列和编辑成多个图像显示板，包括不同来源的文本和图像。虽然男装设计师现在仍然需要用手绘草图，但也可以用CAD软件对草图进行扫描、修饰或编辑，制成CAD效果图。数字软件的影响和持续的进步，为男装设计师提供了更多机会来创造更清晰和更具视觉吸引力的作品展示。

STAY SUNNY CHICAGO

▲图6.7　索菲·布劳斯 的CAD T恤设计图。

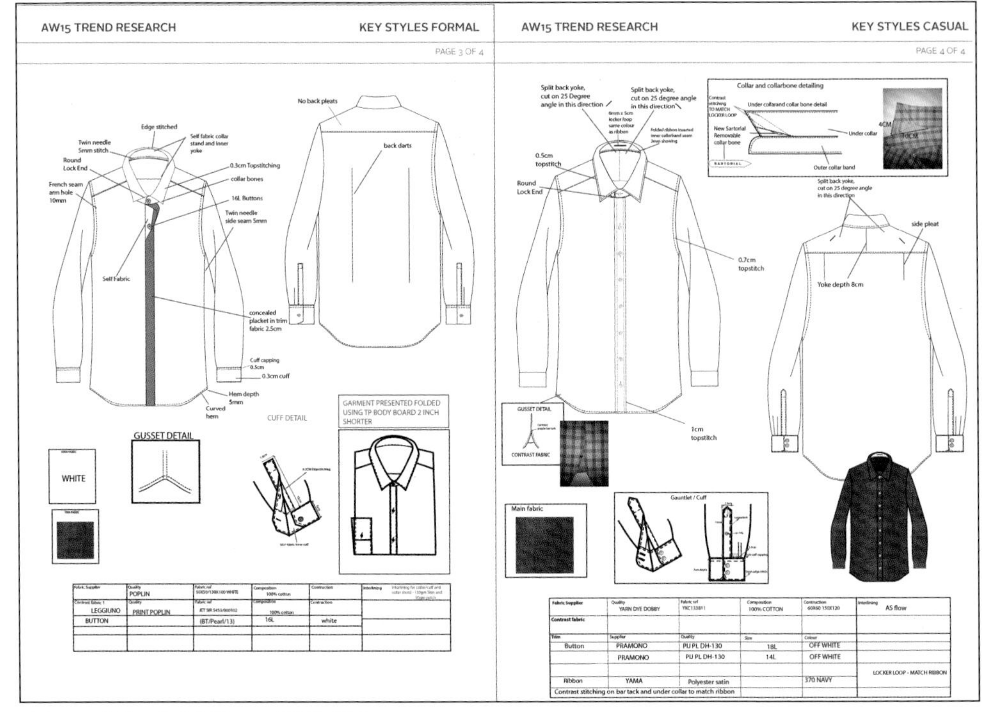

图6.8　索菲·布劳斯的CAD衬衫规格图。

男装平面设计图

平面设计图是指每件服装的平面结构图，广泛应用于成衣行业，尤其是男式运动服和整个运动装行业。因此，男装系列设计一般要求将平面展示板包括进去，但作为主题设计或系列计划一部分的服装平面图和作为规格单一部分的平面图是不同的。尽管服装的平面设计图可以手绘，但一般都会使用CAD矢量图形软件。

规格单指的是样衣的详细说明书或者是生产清单的一部分，一般是在一件衣服要投入商业生产时所用。因此，如果作为规格单的一部分，服装平面图需要更准确地描绘一件衣服，包括尺寸和比例，还要提供详细完整的必要的技术信息，当然前视图和后视图也必须提供。

在男装设计中通常是由生产部门来准备展示板，如衬衫、裤子和T恤的平面设计图。有时还会添加一些视觉图像来强化一个主题。在这种情况下，尽管平面设计图的主要作用是将服装视觉化，但有时候也可以添加一些艺术效果，如填充阴影或色彩。同样，也要包括前视图和后视图，褶皱和悬垂这样的服装特征也可以用来增强整体的视觉效果。

图6.9 丽贝卡·尼尔森的CAD男装平面设计图。

展示板

男装展示板包括构成一个设计项目的各种内容和形式。展示板的目标应该是就同一个项目或主题进行一种条理清晰的表述，并将产品、市场或季节等因素整合起来一并考虑。对于男装来说，就像所有时装设计一样，展示板是设计师通过各种具有视觉吸引力的作品和艺术品，来展示自己能力的一种方式。以下所列举的这些内容可统称为展示板。

设计概念板

概念板是通过一个引导性的视觉语境或灵感来源来介绍该项目主题的展示板。概念板可以传达各种视觉信息，包括把发现的图像和文本排列或并置在一起构成一个视觉创作。其目的通常是想邀请观众来理解和想象是什么样的影响因素、动机、情绪或主题导致了一组设计结果的产生。一个有效的概念板可以帮助观众获得创作者想要表达的信息并引起他们的兴趣。

设计进展板

设计进展板为我们提供了正在进行中的或已经在设计工作室实践过的设计的各个关键阶段的证据。学生们有时会使用进展板来捕捉或记录他们在工作室进行设计的过程和方法。因此，进展板是一个重要的设计环节，它在完成最终样衣之前为我们提供了连接创意和在工作室中进行坯布设计的方法。进展板可以包括各种视觉信息，从设计草图到装饰品和面料小样，有各种选择。进展板的主要好处之一是可以展示正在进行的设计工作的各个关键阶段，一般这些内容可能包含在速写簿里。

色彩板

顾名思义，色彩板的主要目的就是要讲一个关于色彩的故事。在男装中，色彩板可能应用于一个主题系列或产品线。尽管色彩有时是包含在概念板中的，或者作为一个系列板的一部分来呈现，但也可以单独作为一个展示板。没有经验的学生有时会不经过深思熟虑就决定色彩，但在企业中，色彩的选择具有很深的商业暗示，因此一定要非常仔细地进行全盘考虑。流行预测机构非常重视色彩的选择和分类，因此，学生在选择和展示各种展示板的色彩时也要非常缜密和准确。

产品开发展示板

与女装不同，男装中的组合设计更多的是通过产品分类的方式来展示。此时的产品指的是服装的类型，而不是泛指由大衣、夹克、衬衫、针织衫或印花服装构成的一个服装系列产品。这一特点表明男装设计主要体现在对主打服装产品的更新和修改，而不是每一个季度都要完全重新设计。此外，男装展示板也与服装类型密切相关，其主题要根据它要表达的不同生活方式的“外观”来确定。这样，这些服装产品就被注入了一种时尚感，顾客根据自己喜欢的颜色来购买产品即可。这种类型的展示板可能更适合男装行业，可以集各种图像资料于一体，包括服装平面展示图、反映某种生活方式的照片、面料小样以及相关的文字解释等。

系列设计效果图展示板

系列设计效果图为男装设计师表达自己系列设计的预期“外观”提供了另外一种展示方式。这种效果图提供的是男模穿着一个设计系列的不同服装的图像。这种方法有时会被商业公司和学男装设计的学生在展示系列设计的时候采用。系列服装设计效果图以一种特别清晰的视觉方式传递了它想要表达的“外观”，并让顾客对不同的服装搭配进行比较。这种展示板的展示重点不在产品开发上，而是为购买者提供一种可选择的系列产品。有时候，为了展示单件服装，也会一张图片只画一个人，并配有服装平面图。系列效果图的总体效果更强调其商业性而不是艺术性，所以不能把它们与时装插画混为一谈。

男装插画

男装插画有很多种类型，可以手绘，也可以使用计算机辅助设计软件，或者二者结合使用。

跟绘画一样，插画也风格多样，可被用来传达一套服装或一个系列的风格和外观。因此，男装插画除了可以充当艺术作品集外，在内容方面也是表现性和艺术性兼具的。手绘插画时，大多数男装设计师仍然会使用包括铅笔、墨水、炭笔和马克笔在内的各种工具。工具的选择主要取决于设计作品想要选择的面料和想要表达的情绪。有时为了好的效果，男装插画也会采用纸质拼贴画的形式。一些男装设计师成功地将手绘元素与计算机色彩填充和背景效果功能相结合，创造出了极具视觉吸引力的作品。男装设计作品中的男模画像也可以通过电脑软件编辑成一个真实的姿势，就像某些博客中展示的街头风格照片那样，而不需要像女性时尚插画那样通过人物的夸张动作来展示。这种方法强化了男装的庄重本质，主要体现在男装产品的功能性和对男人角色的强调上。因此，男装插画也要体现这些情感因素。

图6.10　洛丽·斯泰特的时装插画。

最终样衣

设计样衣的最终样板表示在样衣间或设计室的整个设计过程的完成。最终的样衣是指所有的设计问题都已经解决，因此它们可以呈献给买家、媒体或私人客户。作为系列作品的一部分，最终样衣还应该在颜色和面料方面保持一致，并要适合目标市场和客户群。尽管制作最终样衣的做法和理念可以应用于一些高级定制，但主要还是用于男装成衣系列的生产。

图6.11 马洛·A.拉尔森（Marlow A. Larson）的系列设计效果图。

作品构图与视觉布局

要想清楚地传达信息，需要认真考虑男装设计作品中的构图和视觉布局。作品可以像插画一样具有艺术性，也可以像男装平面设计图那样更重视技术含量。将自己的设计作品视觉化展示时最好要全盘考虑整个设计项目。

男装展示板中的视觉元素通常是由绘画、面料小样、照片、配饰和文字构成的一个组合体。将这些元素安排在一张纸上或展示板上时需要遵循正负像的原则。正像就是指主题或素材本身。男装设计中的正像就是指穿着时装的男子图像和服装平面效果图。负像指的是主题周围或各种主题素材之间的空间。在视觉展示中负像是一个非常重要的元素，正负像之间的关系构成整个作品的布局，决定着作品构图的最终效果。

图6.12　马洛·A.拉尔森的系列设计效果图。

设计作品的展示形式

男装展示形式涵盖了设计作品集中应该有的一系列艺术作品。虽然这种形式会随着设计师工作经验的增长不断变化，但对于从事男装设计的学生，从一开始就应当具有通过作品集来展示他们各种技能以及对男装市场了解的能力。在男装设计领域，作品集指的是最能代表设计师，并能展示出他们技术和能力的视觉作品选。作品集应该包括一系列连贯一致的展示板，如按照项目或公司等相关顺序进行排列。尽管内容可能会各不相同，但大多数男装设计师的作品集会将一系列的设计作品板连在一起，为每个设计项目、季节或设计主题讲述一个视觉故事。如概念板是为一个系列设计定一个初始基调，表明设计的灵感来源以及市场趋势等。对于艺术作品展示来说，重要的是保持连贯一致的形式，因此色彩和面料的展示板也要与主题保持一致。对男装成衣，尤其是运动装设计来说，重要的是能够为每件衣服画出清晰、准确的平面结构图，包括服装的前后视图、配饰和各种细节。大多数的平面结构图都是通过计算机辅助设计软件制作然后呈现在系列展示板上的。在作品集中增加一个系列的服装设计效果图或服装插画展示板可以表明一个设计项目作品的完成，同时也可以展示设计师的创造性才华。需要补充的是，作品集应该能够真实地代表一个设计师的成果，它会随着时间的推移而发展，因此需要不断地更新和重组。

图6.13 亚历克斯·本尼柯瑞提斯的系列服装设计效果图。

图6.14　亚历克斯·本尼柯瑞提斯的作品展示。

图6.15　索菲·伯罗斯 的分类作品展示板。

图6.16　丹·普拉萨德的系列设计效果图。

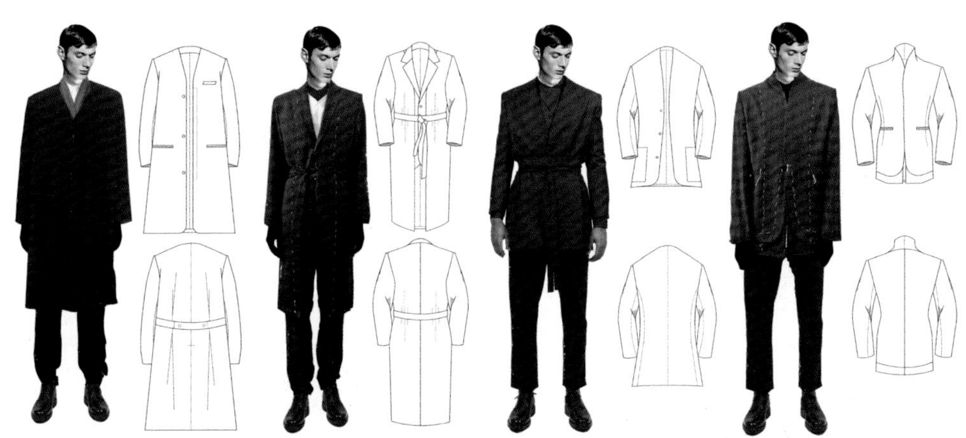

图6.17　丹·普拉萨德的设计作品展示。

社交媒体

社交媒体已经在包括男装在内的时尚领域非常普遍。社交媒体的主要作用是能够让人们交流和分享信息，这一点非常适用于时尚圈，也因此催生了大量对男装设计师影响巨大的计算机应用程序和数字化平台，他们借此交流信息并推销他们的作品。如果加以有效和得当的利用，社交媒体可以赋予男装设计师巨大的能力来管理和规划他们的生活，促进他们的职业发展。一些学男装设计的学生也开始创建了他们自己的网站或博客，并以电子作品集的形式分享和推广他们的作品。这样做有很多额外的好处，包括与人建立有效的联系或者可能引起某个潜在的老板的注意。对一些男装设计师和知名品牌来说，社交平台的推广已经被列入到公司营销策略中了。他们也经常与其他的社交媒体平台，如ARTS THREAD和Coroflot这样的专业网站合作，这些网站会通过举办电子作品集（参见第156页）比赛的形式来推广设计专业学生和行业专业人士的作品。移动端应用程序社交平台在包括男装行业在内的国际时尚界获得了广泛的认同和流行，因为它们允许设计师及品牌与他们的粉丝以及全球观众分享实时的视觉信息和不断更新的新闻。越来越多的视频和图片分享网站的出现使得媒体平台更加丰富多样，也在不断塑造着数字时代的男装业。

男装设计作品集

在男装设计领域，作品集指的是能够最好地代表你，并能展示出你的技术和能力的作品选。作品集也是在应聘一个设计品牌的男装设计师或想要到这类机构工作的一个重要要求。应聘男装造型师和一些营销职位也要求有作品集，尽管内容和形式可能会有不同。对于男装设计专业的学生来说，一个作品集可以展示他们在大学参与的一系列设计项目的经历和成就。因此，学生的作品集会包括不同种类的作品，最终产生一个系列设计作品或毕业专题设计。作品的展示可能还需要附加设计草图和一个造型搭配图集。草图可以对作品集进行补充，并通过图形和文字的形式加深人们对男装设计师的了解，包括他的想法、设计过程、设计实验等。造型搭配图集也是作品集的一种附加形式，主要展示一个系列设计的各种搭配效果，拍照记录并编辑成册。造型搭配图册经常被一些设计品牌用来吸引顾客和媒体，男装设计专业的学生在毕业设计的时候也可以将造型搭配图册作为一部分来补充自己的毕业设计作品集。

一般来说，与女装设计作品集相比，商用男装设计作品集更关注产品和生活方式。这反映了男装长期关注功能性和实用性而不大受时尚的快速季节性波动的影响，其结果就是男装更加强调产品系列。在男装领域，产品指的是一类服装，如衬衫或者带有印花图案的T恤。当分组设计时，就被称为系列。例如，一旦一款衬衫的形状确定后，变化通常表现为一个设计主题之内的颜色变化，而不是从大衣到衬衫到裤子的整体变化。因此，通常男装的设计展示板重点放在产品系列上。尽管可以手绘，但今天大多数的设计图都是用矢量软件程序和数字化颜色填充等方式绘制的。这表明人们越来越重视将数字技术纳入男装设计作品集中，特别是运动服装品牌、品牌商品和相关产品系列。

许多学生的作品集常常会通过提供一本造型搭配图集或者一个系列设计作品来展示整体效果。

尽管男装设计作品集在内容方面与女装设计有区别，但还是有一些指导性的原则需要谨记：

- 作品集要包括你最好的和与设计主题最相关的作品。
- 编辑你的作品，使它能恰当反映你的预期客户和市场。
- 选择有足够深度和广度的作品来展示你的技能和成就。
- 学生的作品集应包括多种多样的设计作品以展示你的才能，甚至可以包括一些好的女装设计作品。

- 仔细考虑所有作品的排版，以确保设计项目内在的连贯性，以及在连续观看时的整体流畅性。
- 通常要把最好的和最近的作品放在作品集的前边。
- 确保所有的作品要完好地安放到位，不能有任何污迹或斑点。
- 数码作品要确保是高分辨率打印，要避免因使用位图图像而使图片像素化。
- 要避免可折叠式的插页作品或与其他作品不相关的孤立的展示图，因为它们只会降低作品的层次。

重要的是，作品集应该随着时间的推移而发展，这样才能反映出你的作品和技能是随着你的经历和兴趣的变化而不断更新的。因此，作品集应该是充满活力、能贯穿你整个职业生涯的东西。

电子作品集

正如前面提到的，数字技能常常被要求作为男装设计作品集的一部分来展示。现在已经扩展为要包含一份电子作品集。电子作品集本质上是一种数字化的作品集，可以上传到电脑网页、博客或图像分享网站。它们也可以储存在电脑、平板或者U盘里，非常便于携带。如果作品是手工绘制的，那很可能你需要将每件作品单独扫描。在扫描前，要确保作品没有任何污渍和折边。扫描的作品要求高分辨率，如300 dpi，以避免像素化，然后以适当的格式保存，如JPEG或PDF格式。在保存和上传作品之前，可以使用像Adobe Photoshop这样的图像编辑软件对作品进行编辑和修饰。电子作品集还可以包含设计样品的照片或三维作品。数字作品集的一个优势在于你可以通过你自己的网站或者社交媒体账户接触到更多的观众。当然，如果你将作品发到网上，一定要留下自己详细的联系方式。使用可信的作品集委托网站，如ARTS THREAD、Coroflot或StylePortfolios，你也可以上传一份类似于简历的个人资料。

练习

男装作品集

引言

创作作品集是对一名男装设计师最基本的要求。作为个人作品的代表，它应该不断变化才能反映一个设计师的经历、抱负和兴趣。今天，随着数字技术和社交媒体的兴起，构成一个作品集的种类越来越多样化，范围也不断扩大。这无疑能不断增强男装设计师的能力，但同时也要求他们积极参与并掌握一定水平的网络技能，这样才能在激烈的市场中保持竞争力。

目的

- 领会男装设计领域作品集的作用和目的。
- 认识和评价各种男装作品的展示形式。
- 思考社交媒体的应用对男装的潜在影响。

讨论要点

- 选择一个当代男装作品集，批判性地评价其优缺点。要考虑作品的多样性和平衡性，以及总体影响和市场导向。
- 讨论男装作品集展示形式的范围和平衡。思考手工作品与CAD或相关的数字格式之间的协同作用。
- 从社交媒体网络上选择一些例子，讨论社交媒体对当代男装的影响和价值。

实践活动

- 仔细研究你自己的作品集，批判性地评价它的优缺点。找出三处有待提高的地方，然后动手进行改善，提高作品集的影响和价值。这可能意味着要对你的作品集进行重新编辑。
- 按设计项目或主题创作三幅时装插画来补充你现在的作品集。每幅插画不仅要能展示你的个人风格和创作能力，也要展示你在使用不同的绘画介质、CAD技术和拼贴艺术方面的技术水平。
- 创建一个网站、博客，或者在社交媒体上开一个账户来推销你自己。制作一份电子作品集，然后把它上传到你的网站、博客或图像托管网站。记住一定要把你的个人简介和联系方式等细节包括进去。

人物专访

插画师洪胜元（Seung Won Hong）

洪胜元是一名出生在韩国的数码画家。在首尔，他是一名自由职业插画家，他的灵感来自男性时尚、印象派绘画和时尚人物。

您如何描述自己的插画风格？

有很长一段时间，我一直对细节以及古罗马和巴洛克风格的男性雕塑的身体姿态非常感兴趣。我梦想中的时装插画应该是带有文艺复兴时期的绘画风格或者印象派风格的插画。通常我们看到的时装插画都太柔和，因此我想创造一种更野性、更阳刚的风格，我想这样才能代表我的绘画品味。因为我对男士的细节性的东西感兴趣，所以我更关注男装。

给我们讲讲你的创作过程吧。您工作的时候喜欢用哪种类型的媒体？

我一直对时尚、建筑、室内设计和手工艺感兴趣。也从社交媒体获得灵感，尤其是Instagram、Facebook和Pinterest，从中我能够发现我感兴趣的男性风格。

从年轻时我就喜欢电脑技术和艺术，因此我的许多作品都是以数码绘画为基础的。我常常使用Photoshop和相关的应用程序在电脑上进行创作。

您的灵感从何而来?

我喜欢有自己风格的人，特别是留胡子的中年男士。我从像尼克·伍斯特、利诺·雷鲁兹（Lino Leluzzi）、亚历桑德罗·斯奎尔斯（Alessandro Squarezi）、马尔科·赞巴多（Marco Zambaldo）以及拉普·艾尔坎恩（Lapo Elkann）这些时尚潮人身上受到很多启发。

您认为哪些因素能成就一幅好的男装插画?

我认为对工作的激情和仔细观察都很重要，但最重要的是要保持自己的风格和个性。

谈谈您参加的一些展览和活动吧。

自己的作品能够在国际出版和展览我感到很幸运，如日本的*Men's EX*，意大利的 The Ice Fashion、 Kjøre Project-Branding illustrations等时尚生活杂志和博客，以及米兰世博会、韩国时尚艺术展和韩国电影记忆展等。

作为一名插画家您未来的目标是什么?

作为一名插画家，我希望我的作品能够被全世界的人们欣赏和喜爱。此外，如果有可能，我希望有机会与不同的时尚品牌合作。

结语

男装生存在一个既相互竞争又相互影响的环境中。了解当代男装，不仅要了解与男装相关的社会热点和更广泛的生活方式，还需要了解它的历史演变。近年来，社交媒体的大量涌现提高了男装作为一种积极文化力量的知名度和地位。男士着装的传统规则及其微妙变化一方面为现代男装的发展提供了创作灵感来源，另一方面可能会加大男士正装和反映年轻人叛逆精神的现代服装风格之间的不同。

虽然男装会受到各种社会文化力量的影响，但通过讨论和解决围绕性别、地位和身份等方面的问题，男装也获得了一定的影响力。男装设计是一个将设计想法与面料、线条、比例、细节联系起来的过程，因此需要具有识别、选择、评估和诠释不同元素的能力。正如本书中对设计师、博客、插画师和企业家的专题采访中所展示的那样，现代男装将会继续发展。他们每个人的实践不仅展现了个人独特的做事方式，也因其不断变换的风格继续延续着男装的进化之旅。

希望本书已经激发了您对男装的兴趣，并将扩展您对男装设计的批判性意识。

图 6.18　瑞典品牌Tiger of Sweden 2017秋冬时装展。

古代

- 无论男装女装，披挂风格占主导。
- 染色和褶裥技术得到发展。
- 希腊文明确立了经典的比例关系。
- 羊毛和亚麻织物普遍使用。
- 罗马式的着装强调男人的社会地位和阶层。

中世纪

- 来自北欧的野蛮人偏爱宽松罩衫搭配长筒袜。
- 欧洲社会分裂成不同的王室宫廷，从而确立了宫廷服装风格。
- 宽松的长袍风格演变成了更复杂的形式，增加了造型和装饰。
- 贸易和手工艺有了自己的行会组织。
- 为了维护阶级和地位，男士的服装风格受到禁奢令的规范。
- 贵族开始普遍穿着皮毛服装。
- 风帽、斗篷和多层的罩衫已经很普遍。
- 男士服装有了裁剪和塑型的趋势。
- 长款的宽松罩衫逐渐演变成一款短上衣。
- 垂袖开始大行其道。
- 奢华的勃艮第宫廷风格影响着整个欧洲的服装风格。
- 丝绸的使用不断增加。

文艺复兴时期

- 男装逐渐分化为北欧风格和意大利风格。
- 在北欧开始流行竖向开衩的时装以及宽大廓型的时装。
- 男士紧身短上衣搭配紧身袜子。
- 出现了坎肩（一种紧身无袖外套）。
- 垫料和绗缝技术的出现，影响了服装的整体轮廓。
- 男士的袜子发展为上、下两部分，上边是加衬料的阔腿短裤，下边是长筒袜。
- 能够突显腹部的紧身短上衣在男士中非常流行。
- 男式汗衫上的褶边逐渐演变为男人颈部的拉夫领。
- 西班牙宫廷风格使得黑色服饰开始流行。
- 开始采用上浆的方式使服装挺括。
- 宽松的威尼斯马裤和灯笼裤取代了加衬料的阔腿短裤。

巴洛克风格时期

- 丝带和蕾丝在男装和女装中都很流行。
- 蕾丝领变得非常流行。
- 巴洛克风格早期，男装的主导风格是骑士风格。
- 清教徒风格偏爱没有装饰的黑色衣服。
- 带马刺的皮靴非常流行。
- 法国宫廷在欧洲最具影响力，左右着男装风格的走向。
- 法国和英国的宫廷推行了一款合身的长外套，跟马甲搭配穿，取代了以前的紧身短外套。
- 假发在男人中很流行。
- 时髦男士穿带衬里的及膝马裤。
- 男人普遍戴三角帽、穿带搭扣的鞋。
- 男士长袍演变成收腰、及膝、紧身的长外套。

从洛可可风格到法国大革命

- 法国和英国建立了棉纺厂，满足了大众对棉布的需求。
- 长及膝盖的马裤裁剪得更合身，前门襟开口。
- 男人的假发发展到了顶点。
- 英国引入了男式厚长大衣和长礼服。
- 英式骑马装成为时尚。
- 男士外套开始出现立领。
- 法国大革命废除了禁奢令。
- 法国革命者用英国水手穿的宽松长裤代替了代表资产阶级风格的及膝马裤。
- 及膝马裤和假发很快过时。

从帝制到浪漫主义

- 英国的骑马服有了更多变种。
- 双排扣燕尾服和马裤开始推行。
- 短夹克开始出现。
- 烟筒似的大礼帽演变为高顶礼帽。
- 领带成为绅士必备的装饰。
- 博·布鲁梅尔对英国的乡村着装风格加以改造，并确立了男士仪表的公认标准。

19世纪

- 男装的色彩越来越素净，以黑色、海军蓝和灰色为主。
- 19世纪30年代，男士为了塑造一种更饱满有型的体态，出现了男式紧身衣和大腿垫。
- 男式紧身长大衣、骑马外套和马裤继续流行。
- 男士大衣上出现了羊腿袖。
- 伦敦萨维尔街基金会推广缝纫技术。
- 黑、白领结礼仪规范了男式正装的标准。
- 袋状短上衣外套（一种非正式家居夹克）逐渐成为人们日常穿着的便服。
- 骑马外套逐渐演变为一种晨礼服。
- 一种箱型双排扣短夹克开始出现。
- 四步结领带（Four-in-hand Neck Tie）的着装方式出现。
- 缝纫机的出现大大提高了男装的制造和生产能力。
- 随着诺福克风格的花呢夹克和用运动花呢制作的袋状夹克的出现，英国的运动风格不断发展。
- 切斯特菲尔德（Chesterfield）大衣（一种半合体的直裁长大衣）出现。
- 人们开始穿着棉针织内衣。

20世纪

- 袋状短夹克搭配长裤成为基本的工作服。
- 20世纪的头10年，男士裤子开始出现褶线。
- 19世纪建立的正式服装规范仍然有效，只有些微变化，有时还会穿鞋套。
- 随着汽车的流行，驾驶风衣或防尘风衣开始出现。
- 军用风雨衣被改造成平民服装。
- 拳击手穿的短裤变成了男士平角内裤。
- 男士服装出现欧式和美式风格的区别。
- 时尚变化主要表现在单排扣、双排扣西装和夹克之间的更替，肩部剪裁和翻领造型也有许多不同。
- 男性消费者可以更容易地买到成衣和“非定制”服装。
- 运动面料的快速发展使得服装具有更容易洗涤和穿着的性能。
- 不断壮大的青年文化使牛仔裤和休闲运动风格的服装得以普及。
- 滑雪服、体育运动、纺织技术都促进了运动风格男装的发展。
- 流行音乐和媒体的影响扩大了男式便装和休闲装的范围。
- 男装设计师品牌和诸如萨维尔街著名的定制服装品牌一起占有了很大的市场份额。
- 不断发展的纺织技术和媒体交流在继续扩大和改变着现代男装。

原版参考文献

Anderson, Richard (2009) Bespoke: *Savile Row Ripped and Smoothed*, Simon & Schuster Ltd.

Blackman, Cally (2009) *100 Years of Menswear*, Laurence King.

Cicolini, Alice (2007) *The New English Dandy*, Thames & Hudson.

Davies, Hywel (2008) *Modern Menswear*, Laurence King.

Drudi, Elisabetta (2011) *Figure Drawing for Men's Fashion*, Pepin Press.

Flusser, Alan (2003) *Dressing the Man*, Harper Collins.

Hayashida, Teruyoshi (reprint edition 2010) *Take Ivy*, Powerhouse Books.

Kershaw, Gareth (2013) *Pattern Cutting for Menswear*, Laurence King.

Marsh, Graham and Gaul, JP (2010) *The Ivy Look: Classic American Clothing – An Illustrated* Pocket Guide, Frances Lincoln.

Musgrave, Eric (2009) *Sharp Suits*, Pavilion.

Phillips, Tom (2012) *Vintage People on Photo Postcards*, Bodleian Library.

Schuman, Scott (2009) *The Sartorialist*, Penguin.

Sherwood, James (2010) *Bespoke: The Men's Style of Savile* Row, Rizzoli International Publications.

Sherwood, James (2010) *Savile Row: The Master Tailors of British Bespoke*, Thames & Hudson.

Tamagni, Daniele (2009) *Gentlemen of Bacongo*, Trolley.

Wayne, Chidy (2009) *Essential Fashion Illustration: Men*, Rockport Publishers.

行业展览

Idea Biella, Italy: www.ideabiella.it
Seasonal presentation of top-range men's fabrics, Italy

London Fashion Week Men's, UK:
www.londonfashionweek.co.uk
Biannual showcase celebrating the best of British menswear

Milano Moda Uomo, Italy:
www.milanomodauomo.it
Presentation of men's ready-to-wear designer collections in Milan

Moda Menswear, UK:
www.moda-uk.co.uk
UK trade show for contemporary and mainstream menswear and accessories

Mode Masculine, France:
www.modeaparis.com
Presentation of men's ready-to-wear designer collections in Paris

MRket, New York City and **Las Vegas, USA:**
www.mrketshow.com
USA men's apparel and accessory trade shows held in NYC and Las Vegas

Pitti Immagine Uomo, Italy:
www.pittimmagine.com/en/corporate/fairs/uomo.html
Premium menswear trade show in Florence, Italy

Premiere Vision, France:
www.premierevision.fr
Seasonal presentation of European and international fabrics for men and women in Paris

博客

A continuous lean: acontinuouslean.com
Facehunter: facehunter.org/

Fashion Beans: fashionbeans.com

Four Pins: fourpins.com

The Gentleman Blogger: thegentlemanblogger.com

I am Galla: iamgalla.com

Ivy Style: ivy-style.com

Kate Loves Me: katelovesme.net

My Belonging: mybelonging.com

One Dapper Street: onedapperstreet.com

Richard Haines illustrator:
designerman-whatisawtoday.blogspot.com

The impossible cool:
theimpossiblecool.tumblr.com

The Sartorialist: thesartorialist.blogspot.com

杂志期刊

Another Man

Dazed & Confused

Details

Drapers Esquire GQ

i-D

L'Uomo Vogue

Men's Vogue

Tank magazine

10 magazine

原版图片来源

p3 P3 Courtesy of Boy from Dagbon/ Abdel Abdulai

0.1 Photo by Antonio de Moraes Barros Filho/WireImage/ Getty Images

1.1 The Art Archive
1.2 Hulton Fine Art Collection/Getty Images
1.3 Photo by DeAgostini/Getty Images
p16 Courtesy of Gloverall
p17 Photo by Popperfoto/Getty Images
p18 Courtesy of Richard Anderson
p18 Courtesy of Tweedman's Vintage
1.4–1.5 Photo by Vittorio Zunino Celotto/Getty Images
1.6 Photo by Alfred Eisenstaedt/ The LIFE Picture Collection/ Getty Images
1.7a Photo by Venturelli/WireImage/Getty Images
1.7b Photo by Vittorio Zunino Celotto/Getty Images
1.8 Photo by Bentley Archive/ Popperfoto/ Getty Images
p26 Courtesy of Baracuta
1.9 Photo by Terence Spencer/ The LIFE Picture Collection/ Getty Images
1.10 Photo by Bill Eppridge/ The LIFE Picture Collection/ Getty Images
pp30–31 Courtesy of Dashing Tweeds

2.1 Photo by Andrew Cowie/AFP/Getty Images
2.2 Photo by Dominique Charriau/WireImage
2.3 Photo by Antonio de Moraes Barros Filho/WireImage
p38 Photo by PYMCA/UIG via Getty Images
2.4–2.6 Courtesy of Rachel James
2.7–2.8 Courtesy of Dan Prasad
2.9 Photo by Wallace Kirkland/The LIFE Images Collection/ Getty Images
2.10 Photo by Antonio de Moraes Barros Filho/WireImage/ Getty Images
2.11 Photo by Vanni Bassetti/Getty Images
2.12 Courtesy of Boy from Dagbon/ Abdel Abdulai
2.13 Photo by Vanni Bassetti/Getty Images
2.14 Courtesy of LS:N Global, The Future Laboratory
2.15 Courtesy of Sophie Burrowes
2.16 Courtesy of Boy from Dagbon/ Abdel Abdulai
pp54–55 Courtesy of Matthew Zorpas (The Gentleman Blogger)

3.1 Courtesy of Dan Prasad
3.2 Photo by SSPL/Getty Images
3.3 Courtesy of Dan Prasad
3.4 Photo by Daily Herald Archive/SSPL/Getty Images
3.5 Courtesy of Anderson & Sheppard
p63 Courtesy of Cordings
p63 Courtesy of Richard Anderson
3.6 Courtesy of Dan Prasad
p68 Bettmann/Getty Images
3.7 Photo by The Print Collector/Getty Images
3.8 Photo by Eamonn M. McCormack/Getty Images
3.9 Photo by Photofusion/Universal Images Group via Getty Images
3.10a–e Courtesy of Anderson & Sheppard
3.11–3.12 Photo by Luca Teuchmann/Getty Images
p77 Courtesy of Gant
3.13 Photo by Gabriel Bouys/AFP/Getty Images
3.14 Photo by Buyenlarge/Getty Images
3.15 AMC/ The Kobal Collection
3.16 York/Getty Images
3.16a Photo by Elena Braghieri/Getty Images
3.16b Photo by Kirstin Sinclair/Getty Images
3.17 Courtesy of rhoon
3.18–3.19 Courtesy of Stowers Bespoke

4.1 Photo by Francois Durand/Getty Images
4.2 Photo by the Hulton Archive/Getty Images
p92 Courtesy of Barbour
4.3 Photo by Victor VIRGILE/Gamma-Rapho via Getty Images
p96 elenovsky/ Shutterstock.com
4.4 Photo by Venturelli/WireImage, Getty Images
4.5 Photo by Jason Wambsgans/Chicago Tribune/MCT via Getty Images
4.6a–c Courtesy of Out of Print
4.7 Courtesy of Nudie Jeans
p102 Photo by John Kobal Foundation/Getty Images
p104 Photo by David M. Benett/Getty Images for H&M
p106 Courtesy of Gore-Tex
4.8 Photo by Daniel Zuchnik/Getty Images
4.9 Courtesy of Lori Stayte
4.10–4.11 Courtesy of Jonny Wadland
4.12–15 Courtesy of Alex Benekritis
pp114–115 Courtesy of Alan Maleh

5.1 Courtesy of Rebecca Neilson
5.2–5.4 Courtesy of Alex Benekritis
5.5 John Moriarty
5.6 Courtesy of Alex Benekritis
5.8 Courtesy of Sophie Burrowes
5.9 Courtesy of Alex Benekritis
5.10 Courtesy of Rachel James
5.11–12 Courtesy of John Moriarty
5.13 Courtesy of Lori Stayte
5.14 Courtesy of Alex Benekritis
5.15 Courtesy of Lori Stayte
5.16–5.18 Courtesy of Dan Prasad
5.19 Courtesy of Alex Benekritis
p134 Photo by Nick Harvey/ Wire Image/ Getty Images
p135 Photos by Victor VIRGILE/Gamma-Rapho via Getty Images

6.1 Courtesy of Seung Won Hong
6.2–6.3 Courtesy of Rebecca Neilson
6.4 Courtesy of Jonny Wadland
6.5a–b Alma Haser/Getty Images
6.6 Courtesy of John Moriarty
6.7–6.8 Courtesy of Sophie Burrowes
6.9 Courtesy of Rebecca Neilson
6.10 Courtesy of Lori Stayte
6.11–6.12 Courtesy of Marlow A. Larson
6.13–6.14 Courtesy of Alex Benekritis
6.15 Courtesy of Sophie Burrowes
6.16–6.17 Courtesy of Dan Prasad
pp158–159 Courtesy of Seung won Hong
6.18 Justin Tallis /AFP/Getty Images

原版致谢

非常感谢以下人士，他们有的为本书慷慨提供了原始资料，有的接受了本人的采访。

以下名单按姓氏字母顺序排列：

阿卜杜勒·阿卜杜拉伊（Abdel Abdulai）

艾伦·马雷赫（Alan Maleh）

丹·普拉萨德（Dan Parsed）

盖·希尔斯（Guy Hills）

洪胜元（Seung Won Hong）

柯尔斯蒂·麦克杜格尔(Kirsty McDougall)

雷·斯托尔斯（Ray Stowers）

丽贝卡·尼尔森（Rebecca Neilson）

娄·达尔顿（Lou Dalton）

洛丽·斯泰特（Lori Stayte）

马洛·A.拉尔森（Marlow A. Larson）

马修·佐帕斯（Mathew Zorpas）

琼尼·瓦德兰（Jonny Wasland）

瑞秋·詹姆斯（Rachel James）

索菲·布劳斯（Sophie Burrowes）

亚历克斯·本尼柯瑞提斯(Alex Benekritis)

约翰·莫里亚蒂（John Moriarty）

也特别感谢詹妮弗·加齐（Jennifa Ghazi）、沙子·本田（Sachiko Honda)和柯莱特·米彻（Colette Meacher），感谢她们的帮助。

感谢Bloomsbury出版社的每一位工作人员，尤其要感谢索菲·坦恩（Sophie Tann），以及由贝琳达·坎贝尔（Belinda Campbell）、约翰娜·罗宾逊（Johanna Robinson）和戴夫·赖特（Dave Wright）组成的制作团队。